高等学校规划教材

高质量SCI论文入门必备
——从选题到发表

关小红　主　编

秦荷杰　贺　震　副主编

化学工业出版社

·北京·

内容提要

《高质量 SCI 论文入门必备——从选题到发表》共分为 7 章:第 1 章是对 SCI 论文的概述;第 2～7 章按照一篇论文从选题到发表的顺序,阐述了一篇 SCI 论文的选题、实验设计、数据处理、图表制作、写作、投稿的过程和注意事项,便于读者循序渐进地阅读和学习。

《高质量 SCI 论文入门必备——从选题到发表》可供我国高等院校理工类高年级本科生、硕士研究生、博士研究生和青年科研工作者阅读参考。

图书在版编目(CIP)数据

高质量 SCI 论文入门必备:从选题到发表:汉、英/关小红主编.—北京:化学工业出版社,2020.10(2024.6重印)
高等学校规划教材
ISBN 978-7-122-37042-6

Ⅰ.①高… Ⅱ.①关… Ⅲ.①科学技术-论文-写作-高等学校-教材-汉、英 Ⅳ.①G301

中国版本图书馆 CIP 数据核字(2020)第 083072 号

责任编辑:满悦芝　　　　　　　　　　　文字编辑:王　琪
责任校对:刘曦阳　　　　　　　　　　　装帧设计:张　辉

出版发行:化学工业出版社(北京市东城区青年湖南街 13 号　邮政编码 100011)
印　　装:三河市延风印装有限公司
710mm×1000mm　1/16　印张 11½　字数 188 千字　2024 年 6 月北京第 1 版第 8 次印刷

购书咨询:010-64518888　　　　　　　　售后服务:010-64518899
网　　址:http://www.cip.com.cn
凡购买本书,如有缺损质量问题,本社销售中心负责调换。

定　价:41.20 元　　　　　　　　　　　　　　　版权所有　违者必究

前 言

科研，是一项伟大而平凡的工作。科研的伟大之处在于其拓展人类的认知边界，激励人们不断地探索未知；科研的平凡之处则在于它是从一点一滴、日积月累细心劳作的基础上建立起来的。科研工作者需要敢于探索的勇者精神，更需要认真严谨的工匠精神，成功的科研工作者都是"心有猛虎，细嗅蔷薇"。

SCI 论文是科研成果的重要载体之一。2020 年 2 月，教育部、科技部印发了《关于规范高等学校 SCI 论文相关指标使用 树立正确评价导向的若干意见》，该文件旨在破除论文"SCI 至上"，并希望以此为突破口，拿出针对性强、操作性强的实招硬招，树立正确的评价导向。"唯 SCI"对于做科研是绝对错误的，SCI 论文应是我们在探索基础科学问题或解决关键技术问题的科研过程中产生的。因此破除的是论文"SCI 至上"，而不是否定 SCI，是鼓励发表高水平、高质量、有创新价值、能体现服务贡献的学术论文。在这种情况下，科研工作者更要潜心提高自己的科研水平，不追求 SCI 论文的数量，而追求 SCI 论文的质量。一篇高质量的 SCI 论文，是对过去科研历程的记录和对未来科研探索的启发。

因此，基于长期的教学和科研经验，我们编写了这本《高质量 SCI 论文入门必备——从选题到发表》，目的是为了帮助那些在科研生涯中感到迷茫的有志者，规范科研程序，提高科研水平，发表高质量的 SCI 论文。本书的读者对象是我国的在校高年级本科生、硕士研究生、博士研究生和青年科研工作者，考虑到他们所面临的现状，我们将在本书中给出详尽的内容和细致的提醒，尽可能面面俱到地帮助他们规范科研成果的表达。

本书共分为 7 章：第 1 章是对 SCI 论文的概述；第 2～7 章按照一篇论文从选题到发表的顺序，阐述了一篇 SCI 论文的选题、实验设计、数据处理、图表制作、写作、投稿的过程和注意事项，便于读者循序渐进地阅读和学习。

本书编写分工为：第 1 章由乔俊莲和王舒畅编写，第 2 章由关小红和刘伟凡编写，第 3 章由贺震和凌锦锋编写，第 4 章由关小红和樊鹏编写，第 5 章由关小红、冯丽影和刘伟凡编写，第 6 章由贺震、秦荷杰和朱家辉编写，第 7 章由王舒畅编写，关小红和秦荷杰负责全书的内容规划及统稿工作。另外还要感谢上海海事大学袁林新老师和南京大学张淑娟老师对本书的编写提出的宝贵建议。本书参阅的文献资料都已列出，若有疏漏，还望理解和见谅。在此，向所有为本书提供参考信息的文献作者表示衷心的感谢。

受限于作者的水平，书中的不足之处在所难免，敬请读者多多批评指正。

编　者

2020 年 8 月

写给教师读者的信

亲爱的同行：

您好！很开心有机会借着这本书与您交流。

先给大家讲一个故事。清代蒲松龄所著《聊斋志异·卷十一·嘉平公子》中记载："风仪秀美"的嘉平公子赴京赶考，偶遇多情的"温姬"。俩人一见钟情，结为夫妻。这嘉平公子虽堪称"美丈夫"，然不学无术。一日，公子有谕仆帖，置案上，中多错谬："椒"讹"菽"，"姜"讹"江"，"可恨"讹"可浪"。女见之，书其后："何事'可浪'？'花菽生江'。有婿如此，不如为娼！"于是那温姬便与嘉平愤然决裂。最近再次读到这个故事的时候，感到心有戚戚焉。

作为大学老师，您肯定也经常评阅各种论文，不知道您有没有碰到过那种处处充满低级错误的论文呢？不知道您看到那样的论文的时候，做何感想？您觉得是学生的问题还是导师不负责任？作为学生的导师，我们更应该去自我检讨，希望我们每一个老师都认真负责，不要再出现那样的论文。

通过这本书，我并不只是想跟大家一起学习如何完成高质量的 SCI 论文，我更想通过这本书宣扬工匠精神。

韩愈《师说》中有云："师者，传道授业解惑也。"作为老师，我们需要以"传道"为第一责任，树立崇高职业信念，也要将教书育人当作神圣的使命——既要做"授业""解惑"的"经师"，更要做好"传道"的"人师"。师者为师亦为范，学高为师，德高为范。为了配得上"老师"两个字，我们这些做老师的要有一身过硬的本领，有精益求精的工匠精神，才能把学生教好，学生中才可能涌现一批优秀的"老师"，中国教育的明天才更美好，咱家孩子才有更大的概率碰上好老师。不论是为了国家的发展，还是为了自己"小家"的发展，我们都责无旁贷。

最近教育部和科技部联合出台文件以扭转当前科研评价中存在的 SCI 论文相关指标片面、过度、扭曲使用等现象，破除论文"SCI 至上"的观念。但这并不是否定 SCI，更不是反对发表论文。论文是科技创新成果的一种表现形式，是学术交流的重要载体，国家鼓励发表高水平、高质量、有创新价值、体现服务贡献的学术论文，在国际学术界发出中国声音。要发表高质量的 SCI 论文，工匠精神恰恰是不可或缺的，无论是遣词造句或是标点符号，抑或是文章的逻辑关系，每一个细节都需要精心"打磨"。

每次读到"中国就是我们，我们就是中国。我们什么样，中国就什么样"这句话，都让我非常激动。让我们从自己做起，从在发表 SCI 论文时发扬工匠精神做起，把工匠精神渗透到我们工作的每一个环节，为中国的教育添砖加瓦。

　　此致
敬礼

关小红
（一个努力成为合格老师的人）

写给学生读者的信

亲爱的同学：

你好！很开心你读到我们的这本书。

知道我为什么想要写这本书吗？主要是因为在平常评阅各种论文（毕业论文、英文学术论文、中文学术论文）及担任国际期刊副主编的过程中，我看到了太多水平差、不规范的科技论文，读起来让人如鲠在喉。

科技论义是科研人员展示研究成果、进行学术交流的重要途径。撰写学位论文是研究生教学计划所规定的学习任务之一，也是研究生知识与能力结合、提升理论水准的一项重要环节。进行科技论文写作，有利于全面训练研究生的教育科学研究能力，有利于引导研究生学会思考、学会发现、学会钻研，有利于培养研究生的创新精神。因此，基于开展学术交流和提升学术水平的目的，每一位选择攻读研究生特别是博士研究生的学生必须在读书期间完成毕业论文及一定数量的中英文学术论文。

如果完成的论文质量较差，不仅不能提高自己的学术水平，而且会在这个过程中养成一些不好的习惯，为自己后续的发展埋下"地雷"。虽说论文写得不好，对你的导师也有负面影响，但对导师的影响远远没有对你的大，因为你的导师可以有很多个学生，他不需要你一个人的论文水平去证明他的能力。但你的论文却代表着你的学术水平，时刻被用人单位、同行、未来的学生检视，因此论文的质量可能会影响你后续的人生道路。特别是在当你把论文作为敲门砖找工作的时候，你永远无法跟面试官说：我的老师水平不行，所以我的论文水平比较差。面试官是不会因此对你网开一面的。

当前的很多情况是，很多导师可能没有太多时间花在你的身上，从头到尾帮助你完成一篇优秀的科技论文。此时你能做的只有想办法自学来提升自己的水平。正是由于这样的想法，我想为大家编写一本书，助力你们的成长。希望认真读了这本书的学生，能在后续的学习和研究过程中少走一些弯路。

对于每位学生来讲，完成一篇论文，主要包括论文选题、文献阅读、实验设计、实验开展、数据处理、图表制作、论文写作、投稿、回答审稿人问题几个步骤。每部分内容都是环环相扣的，每一部分都必须做到极致，才能完成一篇优秀的学术论文。我在培养学生的过程中，经常给学生讲的一句话就是"不可能每篇论文的创新性都那么强。但即使是一篇普通的论文，也希望我们每个人都能做得踏实、深入和规范"。踏实、严谨地完成一篇学术论文的过程，能实现对学生能力的全面培养。这本书正是对这个理念的践行，希望它能助力你踏踏实实完成论文写作的全过程，助力你能力的提升。

同学，请记得，读书期间发表论文的篇数及影响因子从长远来看其实并不重要，重要的是通过完成高质量的论文打下扎实的科研基础，并提高自己的综合能力！期待你早日具备独当一面的科研能力！

此致
敬礼

关小红
（一个努力成为合格老师的人）

目 录

第1章　SCI 论文概述　　1

1.1　SCI 论文的定义与特点 ··· 1
1.1.1　SCI 论文的定义 ··· 1
1.1.2　SCI 论文的特点 ··· 2
1.2　SCI 论文的结构与分类 ··· 4
1.2.1　SCI 论文的结构 ··· 4
1.2.2　根据写作目的和发挥的作用进行分类 ················· 5
1.2.3　根据研究方式和论述内容进行分类 ···················· 6
1.3　SCI 论文的发表 ··· 8
1.3.1　研究课题提出 ·· 8
1.3.2　文献阅读 ··· 9
1.3.3　实验设计 ··· 9
1.3.4　实验开展 ·· 10
1.3.5　数据处理与图表制作 ·· 10
1.3.6　论文写作 ·· 10
1.3.7　论文投稿 ·· 10

第2章　SCI 论文的选题　　12

2.1　课题的来源 ··· 12
2.1.1　社会生产中的实际问题 ·· 12
2.1.2　好奇心驱使 ·· 13
2.1.3　文献检索和学术交流 ·· 14
2.1.4　逆向思维 ·· 14
2.1.5　实验过程中的异常结果 ·· 15
2.1.6　对已有理论观点的质疑 ·· 16
2.1.7　学科交叉 ·· 16

     2.1.8 从专业心得体会形成选题 ·· 17
     2.1.9 从新的角度认识已有成果 ·· 18
     2.1.10 从学科发展的前沿去选题 ··· 18
   2.2 课题的抉择 ··· 19
     2.2.1 创新性 ··· 19
     2.2.2 重要性 ··· 19
     2.2.3 可行性 ··· 20

第 3 章　SCI 论文实验设计　21

3.1 实验设计的重要性 ··· 21
3.2 选定实验对象 ·· 22
   3.2.1 通过文献阅读初选实验对象 ·· 22
   3.2.2 通过预实验确定实验对象 ·· 22
   3.2.3 确保实验对象来源的可靠性 ·· 22
3.3 确定实验自变量和因变量 ··· 23
   3.3.1 实验自变量的确定 ··· 23
   3.3.2 实验因变量的确定 ··· 24
3.4 掌握常用参数和实验操作 ··· 24
   3.4.1 掌握常用参数 ··· 24
   3.4.2 掌握实验操作 ··· 24
3.5 明确所需药剂和所用仪器 ··· 25
   3.5.1 实验所需的药剂 ··· 25
   3.5.2 实验所需的仪器 ··· 26
3.6 实验设计基本原则 ··· 26
   3.6.1 单一变量原则 ··· 26
   3.6.2 平行重复性原则 ··· 27
   3.6.3 对照性原则 ··· 28
   3.6.4 随机性原则 ··· 30
   3.6.5 数据点加密原则 ··· 30
3.7 实验方案设计方法 ··· 31
   3.7.1 单因素轮换法 ··· 31
   3.7.2 正交实验法 ··· 32
   3.7.3 均匀设计法 ··· 32

第 4 章　数据处理与图表制作　　33

4.1　数据处理 ··· 33
4.1.1　数据的记录 ·· 33
4.1.2　数据的分析 ·· 35
4.1.3　数据的再加工 ·· 37
4.1.4　数据处理的其他注意事项 ·· 38
4.2　插图制作 ··· 39
4.2.1　插图的类型、组成和制作软件 ·· 40
4.2.2　插图的整体性要求：清晰度、版面尺寸和背景 ·································· 41
4.2.3　插图的图线 ·· 42
4.2.4　插图的坐标轴 ·· 45
4.2.5　插图中的文字和图名 ·· 47
4.2.6　插图的选择、排布和对齐 ·· 48
4.2.7　插图的色彩搭配 ·· 50
4.2.8　摘要图的制作 ·· 54
4.3　表格制作 ··· 56
4.3.1　表格的要素 ·· 57
4.3.2　表格的制作原则 ·· 58
4.3.3　表格中数据的排列原则 ·· 58
4.3.4　表格中的对齐方式 ·· 59
4.3.5　表格中辅助线的使用 ·· 59
4.3.6　表格中指数的使用 ·· 60
4.3.7　特殊表格的处理 ·· 60

第 5 章　SCI 论文的写作　　62

5.1　SCI 论文写作前的准备工作 ·· 62
5.2　标题 ··· 64
5.2.1　标题的作用 ·· 64
5.2.2　拟定标题的基本要求 ·· 64
5.2.3　拟定标题的技巧 ·· 65
5.3　作者 ··· 66
5.3.1　作者署名的作用 ·· 66

- 5.3.2 作者署名的基本要求 ·· 66
- 5.3.3 作者地址的标署 ·· 67
- 5.4 摘要 ·· 67
  - 5.4.1 摘要的作用 ··· 67
  - 5.4.2 撰写摘要的基本要求 ·· 68
  - 5.4.3 撰写摘要的主要步骤 ·· 68
  - 5.4.4 摘要中常用的英文表达 ·· 69
- 5.5 关键词 ··· 69
  - 5.5.1 关键词的作用 ·· 69
  - 5.5.2 选择关键词的基本要求 ·· 69
  - 5.5.3 选择关键词的常见错误 ·· 70
- 5.6 引言 ·· 70
  - 5.6.1 引言的作用及内容 ··· 70
  - 5.6.2 撰写引言的基本原则 ·· 71
  - 5.6.3 引言中常用的英文表达 ·· 72
- 5.7 材料与方法 ··· 75
  - 5.7.1 材料与方法的基本内容 ·· 76
  - 5.7.2 材料与方法中常用的英文表达 ······································ 76
- 5.8 结果与讨论 ··· 77
  - 5.8.1 撰写结果与讨论的基本要求 ·· 77
  - 5.8.2 结果与讨论中常用的英文表达 ······································ 78
  - 5.8.3 撰写结果与讨论时的注意事项 ······································ 79
- 5.9 结论 ·· 80
  - 5.9.1 撰写结论的基本要求 ·· 80
  - 5.9.2 结论与摘要的区别 ··· 80
- 5.10 致谢 ··· 81
- 5.11 参考文献 ··· 81
  - 5.11.1 参考文献的作用 ·· 82
  - 5.11.2 参考文献的引用原则 ··· 82
  - 5.11.3 参考文献的编写经验 ··· 82
- 5.12 支撑材料 ··· 84

第6章　SCI论文写作的注意事项　85

- 6.1　"The devil is in the detail" ································ 85
- 6.2　论文的文件、版式、字数 ································ 87
- 6.3　论文的写作技巧 ································ 88
  - 6.3.1　论证论点 ································ 88
  - 6.3.2　内容强调 ································ 90
  - 6.3.3　表达简洁 ································ 91
- 6.4　语法问题 ································ 92
  - 6.4.1　论文的时态问题 ································ 92
  - 6.4.2　论文中冠词的使用 ································ 95
  - 6.4.3　中英文表达习惯不同导致的语法错误 ································ 96
- 6.5　量、单位与表达式 ································ 98
  - 6.5.1　量及其单位 ································ 98
  - 6.5.2　数字的表达 ································ 100
  - 6.5.3　论文中的表达式 ································ 101
  - 6.5.4　量、单位、表达式的正斜体规则 ································ 102
- 6.6　论文中的缩略语 ································ 103
  - 6.6.1　论文中词语缩写的注意事项 ································ 103
  - 6.6.2　SCI论文中常见的缩略语 ································ 105
- 6.7　英文论文中的标点符号 ································ 106
  - 6.7.1　英文句子的断句 ································ 106
  - 6.7.2　标点符号的使用 ································ 108
  - 6.7.3　标点符号的空格规则 ································ 115
- 6.8　参考文献格式的注意事项 ································ 116
  - 6.8.1　论文中的参考文献标记 ································ 116
  - 6.8.2　参考文献列表的格式 ································ 117
- 6.9　论文的一致性表达 ································ 119
  - 6.9.1　文本表达的一致性 ································ 119
  - 6.9.2　图表的一致性 ································ 121
- 6.10　论文投稿前的检查 ································ 122
  - 6.10.1　投稿文件 ································ 122
  - 6.10.2　正文、支撑材料、投稿信等文件里的标题 ································ 122
  - 6.10.3　作者名字和单位 ································ 122

  6.10.4 字数要求 ··· 123
  6.10.5 正文、图表、支撑材料的版式检查 ································ 123
  6.10.6 正文、图表、支撑材料表达的检查 ································ 123

第 7 章 SCI 论文投稿指南 125

7.1 期刊的选择 ·· 125
  7.1.1 借助选刊工具初步筛选 ·· 125
  7.1.2 根据论文中的参考文献选择 ··· 129
  7.1.3 确定拟投稿期刊时所需考虑的因素 ································ 130
7.2 投稿信的撰写 ·· 131
  7.2.1 投稿信的内容 ··· 131
  7.2.2 投稿信范例 ·· 133
7.3 审稿意见回复的原则 ··· 135
  7.3.1 尊重审稿专家，礼貌回复 ··· 136
  7.3.2 把握合理的回复时间 ·· 137
  7.3.3 重视每一条审稿意见 ·· 137
  7.3.4 明晰原稿和修改稿的区别 ··· 138

附 录 139

  附录 1 第一次投稿时的投稿信 ··· 139
  附录 2 投稿时的正文和图 ·· 141
  附录 3 支撑材料 ··· 151
  附录 4 修改投回时的投稿信 ··· 158
  附录 5 回复审稿人的意见 ·· 159

参考文献 168

第1章 SCI 论文概述

法国作家蒙田曾经说过:"语言是一种工具,通过它我们的意愿和思想就得到交流。"由此可见,语言是思想交流的重要载体。而论文正是一种特殊的语言表述方式,它是将抽象思维形象化的重要工具,是学者之间进行思想交流的永久记录,是传递知识的理想媒介,是知识探索进程中不可或缺的一部分。严谨规范的论文对于促进学术思想的交流和推动科学的进步具有重要的意义。

而在科学研究领域成千上万篇的论文中,SCI 论文可以说基本上囊括了各研究方向的高水平论文,是全世界科研工作者分享学术成果、促进科学进步的重要交流载体,因此发表 SCI 论文是众多科研工作者表达科研成果的一个重要选择。本章将以被 SCI 收录的英文科技论文为例,介绍 SCI 论文及其发表过程。

1.1 SCI 论文的定义与特点

1.1.1 SCI 论文的定义

SCI 论文是指被 SCI(*Scientific Citation Index*,《科学引文索引》)收录的期刊所刊登的论文。

1961 年,美国科学信息研究所(Institute for Scientific Information, ISI)创办了一种引文索引类刊物,即《科学引文索引》。该刊物收录了自然科学及工程技术领域部分刊物所刊登的文章的作者、题目、源期刊、摘要、关键词等信息以帮助研究人员迅速方便地组建研究课题的参考文献网络,同时帮助研究人员从文献引证的角度评估文章的学术价值。而今,经过近 60 年的发展和完善,SCI 已从开始时单一的印刷版刊物发展成为如今集印刷版、光盘版(SCI-CDE)、联机版(SCI-Search)和网络版(SCI-Expanded)四种出版形式为一体的电子化、集成化、网络化的大型多学科引文数据库和文献检索工具。

目前 SCI 收录的刊物超过 8700 多种,涵盖学科超过 100 个,主要涉及数学、物理、化学、生命科学、医学、天文学、地理学、环境科学、材料科学、工程技术等领域。SCI 具有严格的期刊收录标准，主要根据三个方面评估各类期刊是否可以入选：一是期刊出版的基本标准，如出版是否及时，是否遵守国际通行的编辑规范，是否提供足够的科技信息，即所发表论文内容是否有新意、有科学性等；二是作者和编委的国际化程度，其录用的稿件是否来源于世界各国，编委会人员及审稿人员是否来自不同国家，而不局限于期刊所在国或地区，即期刊的学术和编辑力量是否代表国际水平；三是期刊的影响力，即所刊登的论文被引用的频次是否达到要求。由于 SCI 严格的入选和淘汰机制，SCI 所收录的期刊往往代表了各领域的顶尖期刊水准，此类期刊上所刊登的论文即我们通常所说的 SCI 论文，往往具有较高的学术价值。

但尽管如此，SCI 所收录的期刊的学术地位也有相当的差别。在每年的六月底，ISI 会公布上一年其收录期刊的影响因子及文献被引情况。他们将期刊按学科领域分类，在各学科领域中，所有期刊根据文献被引用的次数按照一定的方式计算出影响因子并进行排名。影响因子的高低可从一定程度上反映出各期刊的学术地位。

1.1.2 SCI 论文的特点

SCI 论文大部分属于自然科学及工程技术领域，以英文科技论文为主。下面将以 SCI 所收录的英文科技论文为例，对 SCI 论文的特点加以进一步介绍。

科技论文是研究人员在科学实验和理论分析的基础上，对自然科学及工程技术等领域所出现的问题和现象的记录及分析，是集概念、推理、证明、反驳等多种逻辑思维手段的运用于一体的，用于阐述科学研究过程中所取得的新进展、新成果的一种议论性文体。

相较于其他形式的文体，科技论文的主题鲜明、观点突出，没有华丽的辞藻和修饰，而强调尊重科学事实。同时，科技论文尤其是 SCI 所收录的科技论文强调编排的规范性以期形成缜密、严谨和易读的逻辑体系，从而帮助科技工作者清晰地展示科学现象，直观地表达科学观点，进而呈现出科技成果的价值。总的来说，科技论文的作用和功能主要有：①记录新的科学技术研究及成果，这一过程是进行学术研究的必经之路；②帮助科研工作者理清研究思路，及时发现研究工作的不足，使得研究思路更加完善，从而提高研究成果的水平和价值；③促进学术交流、成果推广和科学技术的发展；④增进科学知识的积累；⑤是考核科研工作者知识水平、科研能力、写作能力的重要依据，也可以成为发现人才的一个重要渠道。

尽管从不同的角度出发，科技论文可以分为许多种类，其在表达方式上也各有特色，但是被 SCI 收录的高水平科技论文往往都具有一些共同的特点。

（1）规范性

规范的表达是科研的基础。科技论文的规范性是其不同于其他文体的一个重要特征。为了更加方便、准确地传递科学信息，科技论文中所呈现出的图表、公式、符号、术语及计量单位等应该符合相关规定，科技论文的文字表述应当力求准确直观、脉络清晰、结构严谨，论文全文的格式应该满足目标期刊投稿的格式要求。

（2）科学性

科学性是科技论文的基本属性，也是被 SCI 所收录的科技论文的灵魂。科技论文的科学性主要表现在两个方面：①研究方法的科学性，从课题的选择、文献的调研、实验的设计到最后的科技论文的撰写等一系列过程中，研究人员应该始终本着实事求是的态度，不篡改实验结果，不夸大事实，也不能武断轻信或是随意贬低自己的研究结果和文献的报道，每一个观点的提出都应有相应的实验数据做支撑，且论据充分、逻辑缜密；②研究内容的科学性，科技论文的研究内容应该立足于自然科学现象或工程技术问题，研究结果应当具有一定的科学指导意义或实际应用价值。

（3）创新性

时代发展呼唤创新，在激烈的竞争中，唯创新者进，唯创新者强，唯创新者胜。科学研究贵在创新，简单重复前人结果不是科学研究，没有创新就没有科学的前进与发展。创新性是科技论文价值的根本所在，也是评价期刊、论文的学术价值的重要依据。科技论文的创新性主要表现在五个方面：①填补人类科学研究史的空白，提出新发现、新方法、新理论；②对过去科学研究成果的再完善、再发展；③对别人观点的批判性接受及自己的理论依据和观点的提出；④对前人观点的批判或推翻；⑤对前人科学工作的系统性总结和展望。

尽管创新性有大小之分，但是在严谨的科学探索基础上，大胆地提出自己的观点，就有利于思维的碰撞，有利于科学知识体系的完善，有利于推动科学的进步。

（4）学术性

学术指的是系统、专门的知识，而科技论文的学术性就是指论文中所研究、探讨的内容带有明显的专业烙印，即以科学领域中某一专业性问题为研究对象，采用专业的语言针对特定问题进行阐述。与通俗易懂的科普类读物和科技报道不同，不同专业的科技论文通常采用不同的专业术语和表达方式，其受众为具有相关专业背景的研究人员。

（5）再现性

科技论文中所呈现的实验结果要经得起推敲，重复实验所获得的结果应保持在一定的误差范围内。

（6）简洁性

科技论文力求行文简洁、重点突出，可使读者在尽可能短的时间内获取更多的研究信息。

1.2 SCI论文的结构与分类

SCI论文可以从多个角度进行分类。例如：按语言的不同，其可分为中文论文、英文论文、德文论文等；按学科的不同，其可分为物理学论文、土木工程学论文、生物学论文等；按研究方法的不同，其又可分为理论型论文、实验型论文、描述型论文等。

由于被SCI收录的实验型论文代表了大部分SCI论文的结构和形式，故以下将以被SCI收录的实验型论文为例，对SCI论文的结构加以简单的介绍，并分别从论文的写作目的、发挥的作用、研究方式和论述内容等角度对其进行分类。

1.2.1 SCI论文的结构

在上一节的介绍中，我们知道SCI论文尤其注重规范性。一篇结构规范、完整的论文可以将全文的论点、论据和论证有序地结合在一起，从而做到层次分明、详略得当，进而清晰、准确地向读者传达文章的观点。根据各类国际期刊的常规要求，被SCI所收录的科技论文的结构主要包括前置部分、主体部分和附录部分，各部分的作用和写作方法在后文中有详细的介绍。

（1）前置部分

前置部分一般包括论文编号、日期信息（可选）、题名（Title）、作者和单位信息（Author and Affiliation）、摘要（Abstract）、关键词（Keywords）等。

此外还需特别一提的是，论文的题名应当以最少数量的文字来准确、清楚地概述全文的内容，从而达到吸引读者、帮助文献追踪和检索的作用；摘要是以提供文献内容梗概为目的，不加评论和补充解释，简明、准确记叙文献重要内容的短文；而关键词是为了便于文献索引工作，从论文中选取出来的表示全文主体内容信息的单词或术语，应当避免选用过于宽泛的词或自定的缩略语。

（2）主体部分

研究型论文的主体部分一般包括引言（Introduction）、材料与方法（Materials and Methods）、结果（Results）、讨论（Discussion）、结论（Conclusions）、致谢（Acknowledgements）、参考文献（References）和各类图、表、公式等，其中结果、讨论两部分内容常常合并为一部分，称为结果与讨论（Results and Discussion）。如果写作的论文是其他类型的文章，如综述和评论等，其主体部分的内容则根据叙述的需要和篇幅有所不同。

论文的主体部分是全文的核心，在这部分作者需要对内容进行多角度、多方面的剖析、论证和阐述，力求逻辑上环环相扣，层层递进。主体部分的完成质量直接决定了全文的水平。

（3）附录部分

论文的附录部分是可选部分，由与论文相关的标准、计量单位及用于支撑正文论述的图表组成。部分期刊目前只在互联网上发布论文的附录部分。

1.2.2 根据写作目的和发挥的作用进行分类

研究人员在不同的研究阶段往往会撰写不同类型的科技论文。这些科技论文除了帮助研究人员及时记录研究成果、理清研究思路外，还发挥着不同的作用。SCI 论文属于期刊论文，其根据写作目的和发挥的作用不同，还可以进一步细分为论文（Full Paper / Original Article）、通讯（Communication）、简报（Letter / Short Report）、综述或评论（Review、Comment）四大类。

（1）论文（Full Paper / Original Article）

论文又称全论文，是针对某一创新性研究成果所进行的全面的分析和讨论，是最常见的 SCI 期刊论文形式。论文的格式取决于各类期刊的具体要求，但一般包括题名（Title）、作者和单位信息（Author and Affiliation）、摘要（Abstract）、关键词（Keywords）、引言（Introduction）、材料与方法（Materials and Methods）、结果与讨论（Results and Discussion）、结论（Conclusions）和参考文献（References）等，其篇幅一般为 5~20 个出版页，但在数学和计算科学领域，其篇幅有时也可达到 80 个出版页。

（2）通讯（Communication）

通讯与全论文（Full Paper）没有本质的区别，但作者只需简要介绍研究的创新点，无须详细列举。因此与论文（Full Paper）相比，其篇幅较短，通常占 3～4 个出版页。

（3）简报（Letter / Short Report）

简报的语言比起论文（Full Paper）和通讯（Communication）更为精练，篇幅更短，一般占 2～4 个出版页。其结构因期刊而异，但通常来说不会像论文和通讯一样将正文内容细分为如实验方法、结果、讨论等诸多模块。其更注重研究的创新性和时效性，而相对不注重全面性。若研究人员在研究某一前沿课题时，为了抢占发表前沿论文的先机，可以选择此类形式投稿。因而此类期刊论文中所提出的结果和机制可能还有待进一步阐述和论证。

（4）综述或评论（Review、Comment）

综述或评论是研究人员针对某一段时间内某一主题的文献中所含的数据、资料和观点进行归纳整理、分析提炼并对其做出综合性介绍、分析和评述的论文，属于三次文献。综述或评论可以完全是叙述性的，也可以仅提供采用各类统计分析方法得出的定量汇总结果。研究人员在撰写综述之前往往需要阅读大量相关的国内外文献，并将各类文献中所提的研究方法、结果或是观点进行归纳和整理，使其条理化和系统化。综述或评论并不强调其在研究内容上的创新性，但是一篇优秀的综述或评论往往可以为研究人员了解科学发展脉络开辟新的路径，为未来的研究提供新的思路。通常来说，各类期刊对综述类文献的格式和篇幅都没有严格的要求。

1.2.3 根据研究方式和论述内容进行分类

当研究人员对不同的课题展开研究时，他们采用的研究方式也是不同的。以市政工程学科为例，当研究人员针对某种水处理技术的处理效果展开研究时，他们主要以实验为研究手段，在实验的基础上，通过对实验数据的分析以找寻特定的规律，进而获得新发现、新技术；当研究人员在优化市政给水管网的设计和调度时，他们则往往需要借助数学模型对现存的问题进行分析，从而获得最优化方法，使得优化后的技术能够更好地应用于实践中；当研究人员在围绕区域水环境问题进行综合研究时，他们还需要借助可信的调查研究事实和数据来论证新的观点。因此，SCI 论文还可根据研究方式和论述内容的不同进行如下分类：

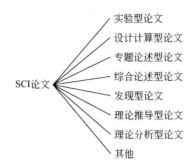

（1）实验型论文

实验型论文不同于一般的实验报告，其以研究为重点，旨在通过严密的实验方案、先进合理的测试手段和准确周全的数据处理方法对新观点加以全面的论证。

（2）设计计算型论文

设计计算型论文是指为解决某些工程问题、技术问题和管理问题而进行的计算机程序设计、数值模拟和数学计算等。此类论文中一般需要展示出能够正常运行的程序代码、合理的数学模型以及相应的分析计算步骤。经设计计算而确定的方案需要经得起科学实验或工程实践的考核和检验。

（3）专题论述型论文

专题论述型论文是研究人员对某一研究领域、某项工作或某一产业而发表的议论。作者通过对该领域（或工作、产业）中的某些现象或研究成果的分析论证，提出和其发展方向、战略决策或是发展路径相关的独到的见解。

（4）综合论述型论文

综合论述型论文就是上一节所述的综述。综述的完成需要研究人员在阅读某领域内大量的文献和专著的基础上，对不同的观点、研究方法进行归纳和整理，表达自己的观点，并对该领域未来的发展提出中肯的建议。一篇出色的综述对研究人员了解某一领域的发展脉络、确定研究课题有重要的指导作用。

（5）发现型论文

发现型论文主要介绍某一新事物的生成背景、特性或变化规律等，同时分析、论述其潜在的科学价值和应用价值。需要特别一提的是，发明是科学发现的一种宏观表现形式。在发明型论文中，作者还将细致介绍发明的原理、工艺、配方、所需材料和设备、使用条件和功能等。

（6）理论推导型论文

理论推导型论文主要是针对提出的假说运用严密的数学推导和逻辑推理加以论证，从而得到新的理论。它要求作者拥有缜密、清晰的逻辑思维，扎实的数学功底，和对各类概念、定理的熟练驾驭能力。

（7）理论分析型论文

理论分析型论文主要通过对新设想、模型、材料、工艺、样品和原理等进行理论分析，使得过去的理论知识得到进一步的完善和补充。它不仅需要作者进行准确的数学运算和严密的分析论证，还需要作者通过实验对其提出的理论观点进行进一步的验证。

1.3 SCI 论文的发表

SCI 论文往往对论文结构的规范性和简洁性有着极高的要求，同时其内容也应具有较强的创新性、科学性、学术性和再现性。一篇 SCI 论文的发表离不开作者严谨的科学探究工作和规范的论文写作，也离不开专家评审和论文的规范修改等步骤。同行们看到的是发表出来的论文，没看到的是为了完成一篇论文所付出的努力。实际上，要完成一篇 SCI 论文，需要经过很多过程，这主要包括研究课题提出、文献阅读、实验设计、实验开展、数据处理与图表制作、论文写作、投稿（专家评审、编辑审核、论文修改、论文排版）及最后的发表。

1.3.1 研究课题提出

课题的选择非常重要，它从一定程度上决定了研究成果的质量。选题需要创造力与想象力来反映现有的理论和实践的广度与深度、反映科研前景的广度与深度。一个好的研究课题的提出往往需要遵循重要性、创新性和可行性三个原则。

重要性指的是课题完成后对该学科领域及工程技术今后的发展可能产生的影响。科学技术研究的根本目的是发现新知识、服务社会，在确定研究课题的时候，我们应当明确当前的认知空白或者社会发展需要，客观评估新课题给学科发展及技术应用所带来的价值。

前文提及了 SCI 论文强调创新性，而研究课题的创新性正是论文创新性的基础和前提。研究课题的创新性是对过去研究的改进和再发展，它不仅包括研究方法上的创新性，更应该是研究思想上的创新性。对新入学的研究生来说，选择一个具有创新性的课题难度是非常大的。建议由其导师指定研究生期间的第一个课题，研究生在开展这个课题的过程中要善于思考、善于发现，从而从中衍生出自己的第二个、第三个课题。

当研究人员有了自己新的设想之后，还不足以开展研究。研究人员必须考虑所提出的设想在当前实验条件下是否能够获得一个切实可行的且可望成功的具体研究方案。没有一个切实可行的实施方案，任何设想都只是空想。当然，在当前国际科学界竞争激烈的情况下，通常很难找到意义重大而又简便易行的课题。任何重要设想的实现，都是知识积累的结果，都要我们克服重重困难，付出艰苦的努力。

1.3.2　文献阅读

科研的过程就是不断学习的过程，如何快速、准确地从大量文献中获取需要的信息，并学会分析、利用得到的信息，是科研人员必备的一项技能。对于刚入门的新手来说，最重要的是掌握文献阅读的方法且勤加练习和持之以恒。文献阅读贯穿于完成 SCI 论文的全过程。当导师提供了一个大体的课题方向之后，研究生需要通过阅读文献明确自己的课题，并且了解实验过程，掌握实验方法。获得了实验结果之后，需要把自己的结果跟文献中的结果进行对比。写作论文的时候，大量的文献阅读和积累也有助于论文的写作和遣词造句。文献阅读的能力直接关系到研究人员是否可以站在前人的肩膀上做出有创新性的研究。

1.3.3　实验设计

实验设计是实验开展的基础，也是提高论文质量的保证。一个周密而完善的实验设计，能帮助研究人员控制各种实验变量，排除各类干扰因素，严格地控制实验误差，从而用较少的人力、物力和时间，最大限度地获得丰富而可靠的资料。反之，如果实验设计存在着缺点或漏洞，就可能造成不应有的浪费，减损研究结果的价值，甚至得到错误的结论。

1.3.4　实验开展

实验开展是验证设想的重要环节，是获得实验数据得到实验结论的必经步骤。研究人员需要在了解相关实验规程、掌握规范的实验操作方法的基础上，根据既定的实验设计方案开展实验。在实验开展的过程中，操作的规范性尤为重要，它不仅是减小实验误差、获得可靠实验数据的保证，更是确保人身财产安全的前提。此外在实验开展的过程中，研究人员应当如实记录实验结果，留意实验过程中出现的意外现象。毕竟，在漫长的科学发展历史上，许多重大的科学发现都来自意外的实验结果。

1.3.5　数据处理与图表制作

通过科研实验，我们往往会得到大量繁杂的实验数据。只有对这些繁杂的实验数据采用科学的方法进行归纳和总结，才能透过现象看本质，从中提炼出其所蕴含的科学价值，否则它们就是一堆毫无意义的数字而已。因而数据处理与图表制作是十分重要的，它贯穿于整个实验研究阶段。规范的数据处理和图表制作方法不仅可以帮助研究人员在论文中更加直观、清晰地展示实验结果，为论文的论述提供有力的证据，给读者以赏心悦目之感，还可以帮助研究人员在实验过程中及时发现异常现象，调整实验方案。

1.3.6　论文写作

为更好地反映科学研究的成果，及时传播学术创新的思想和观点，推动学术交流，把研究结果写成论文是必需的。如前所述，SCI 的结构比较固定，类似八股文，因此 SCI 论文的写作并不是特别难。要写好 SCI 论文，最重要的是其内在的逻辑。比如摘要中的逻辑：为什么要做这项研究、别人怎么做的、有哪些不足、你怎么解决的、你怎么证明你解决了。好的 SCI 论文应该是行云流水般的，让读者能连续性地跟着作者的思路一步一步往下走。写 SCI 论文的过程对培养一个人的逻辑思考能力特别重要，而且也可以培养人的完美主义情操，因为一篇好论文的写作过程中必须要注意到每个细节，这也是本书要着重论述的。

1.3.7　论文投稿

完成论文写作只是成功了一半，选择合适的期刊并发表，才算大功告成。论文的投稿过程一般包括以下几个过程：选择合适的期刊、投稿、审稿、根据审稿意见修改论文、发表。论文的主题必须与期刊的范围一致，文章直接被编辑部拒稿的主要原因之一就是"与本刊主题不符"或者"水平不够优先出版"。投稿的论文，经过了编辑的初审之后，就会进入专家审稿阶段。编辑会根据审稿人的意见决定论文的修改或拒稿。"文章不厌百回改，反复推敲佳句来。"我国北宋著名的文学家王安石在写"春风又绿江南岸"一句时，针对一个"绿"字也反复推敲，由此可见文章修改的重要性。因此作者在收到编辑的建议和意见之后，必须重视每个审稿人和编辑所提出的每一条建议，本着对科学事实负责、对读者负责的态度，对全文进行全面、细致的修改和补充。论文修改的过程实则是对科学问题再认识的过程，是对论文全文规范性再提高的过程，是一个自我综合科研能力再提升的过程，也是发表优秀论文不可或缺的关键一步。当论文最终得到了审稿人和编辑的认可后，就可以发表了。

第 2 章　SCI 论文的选题

爱因斯坦曾经说过:"提出一个问题往往比解决一个问题更重要。因为解决一个问题也许仅是一个数学上的或实验上的技能而已。而提出新的问题、新的可能性,从新的角度看旧的问题却需要有创造性的想象力,而且标志着科学的真正进步。"选题就是确定一篇论文的研究目标,题目选好了,就好比找到了既储量丰富又开采便利的矿产,研究越深入,收获越多,兴趣也越大。选题是否恰当直接影响着 SCI 论文的质量,关系到 SCI 论文的价值,决定着 SCI 论文的成败,并直接关系着学术成果的质量和水平。选题是一种创造,是在丰富的知识储备、大量的社会实践和积极思考中形成的。课题的来源是广泛的,发现一个有价值的课题,是一个创造性的思维过程,也是一项灵活的研究艺术。首先,要进行调查研究,然后再综合分析,最后选择出有意义、有价值而又适合自己的研究课题。本章结合笔者及前人的选题经验,讨论了多种可能的课题来源。

2.1　课题的来源

2.1.1　社会生产中的实际问题

在我国社会生产生活中有很多实际的技术难题,以解决这些问题为导向进行科研选题,探索生产生活中实际问题背后的科学原理,反过来又用科学研究成果指导社会生产实践,"把论文写在祖国的大地上",无疑是最好的科研思路。

中国科协每年都会发布重大前沿科学问题和工程技术难题,这些问题对科学发展具有导向作用,对技术和产业创新具有关键作用,但这类选题一般难度和研究规模较大,科研人员应该从自己的专业出发,把课题具体化,选择可行性高、与自身研究背景相符的研究方向。在我国工农业生产中实际需要解决的问题,各省市区县大都已汇集成册,研究人员可以从中进行选择。实际上,只要留心生活,积极思考,就会从生产实践中找到很多有研究意义的课题。比如,虽然芬顿氧化技术是用于工业废水深度处理的常用高级氧化技术,但该技术存在有效 pH 范围窄、污泥产率高、氧化剂消耗大的问题，大家可以针对芬顿技术工程应用中的瓶颈问题展开研究，从而推动该技术的应用。

我们可以从实际生产问题中提取出科学课题，进行深入的研究，反之，科学研究的突破可以为相关行业带来新技术。在机械制造行业中，轴承是一种非常重要的零部件。为了提高轴承的性能，需要研究物体之间的摩擦效应、机理及规律，需要研发先进的热处理工艺，需要开发轴承材料新钢种，需要研究润滑、冷却和清洗技术，相关专业的研究人员在选题时就可以从这些方面着手。再比如，钟南山、李兰娟院士团队分别从新冠肺炎患者的粪便样本中分离出新型冠状病毒，这一发现证实了排出的粪便中的确存在病毒。那么针对这种情况，研究污水处理厂及给水处理厂消毒工艺的优化以控制新型冠状病毒就是非常重要的课题。

2.1.2 好奇心驱使

科研活动的本质是探索未知世界，弄清楚其中的奥妙。如果没有好奇心的驱使，仅靠来自外界的压力，很难保持长久不衰的动力，这显然也是非人性化的。最美好的科学研究应是在好奇心驱使下自由自在的研究。有"以色列科技研发大脑"之称的魏茨曼科学研究所成立于1934年，是世界领先的科学研究中心之一，也是全世界最大的技术转让学院。魏茨曼科学研究所专注于基础的、长期的、不讲用途的、好奇心驱使的科学研究。

好奇心可以是对科研过程中一些现象的"好奇"，也可以是对生活现象的"好奇"。一个环境领域的例子是，加拿大麦吉尔大学的 Nathalie Tufenkji 教授在喝茶时发现自己茶杯中的茶包似乎是塑料制品，她好奇塑料茶包是否会释放微塑料颗粒，影响人的身体健康（她的原话是：**I was sitting in a shop enjoying a cup of tea when I looked down at my cup and noticed that the teabag seemed to be made of plastic. I immediately asked myself whether it could be releasing plastic particles into the tea.**）。最终她证明了她的猜想并于2019年将这项研究发表在环境领域著名期刊 *Environmental Science & Technology* 上，题为 *Plastic Teabags Release Billions of Microparticles and Nanoparticles into Tea*。

科研领域有一个著名的奖项，名叫"搞笑诺贝尔奖"。获得该奖项的课题，其研究内容都十分稀奇古怪，比如哺乳动物多长时间可以撒完尿，为什么某种动物可以拉出"方形的便便"……这些研究都是好奇心驱使，但其研究成果由于可能应用于更广泛的领域，经常发表在严谨科学领域的知名刊物上，如 *Nature* 等。搞笑诺贝尔奖的获得者有很多也是诺贝尔奖得主,足见好奇心对于科学研究选题的重要性。

2.1.3 文献检索和学术交流

阅读和交流是研究课题重要的灵感来源。研究新手可以先从一些综述类论文或硕博学位论文入手,对所要研究方向的进展有个基本的了解。综述类论文通过对已发表材料的组织、综合和评价,以及对当前研究进展的考察来澄清问题。在某种意义上,综述类论文具有一定的指导性,包括以下内容:总结某一领域的研究背景和研究进展,帮助读者迅速了解相关研究动态;归纳不同文献中现象、数据、观点的相似与矛盾之处;分析该研究领域亟待解决的问题和未来的发展方向。在熟读了综述类论文后,可以把该研究方向学术大牛的经典论文下载并精读,熟悉该领域的公式、假说和定律,带着以下几个问题去阅读文献:该研究领域的瓶颈问题是什么?前人已经研究到了什么程度?有哪些问题已经解决了?哪些问题尚未解决?是什么原因造成这些问题未解决?如果我来开展该方向的研究,打算通过什么方法突破该领域的瓶颈问题?也鼓励大家多去听学术报告,学术报告的主讲人一般是在相关方向上有一定积累的研究人员,一般会较全面地介绍研究背景、方法和结论,从中我们可以学习前人的科研思路。

研究者应该经常查阅相近领域主流期刊上的论文,了解近期的一些突破性进展。一些开创性工作,常吸引一批研究人员对其进行详细的讨论或检验,对其适用范围进行规定,对理论进行修正和补充。在这种情况下,就要不失时机地抓住这种理论或假说中感兴趣的问题进行讨论,或对其中的论据进行检验,这样就有可能提出自己独立的见解或新的结论。目前许多高校的图书馆都购买了遍布各学科、种类丰富的数据库,在校师生可以在网上下载到自己需要的文献。

对于研究生群体,笔者首先建议他们可以对自己课题组内各个同门所研究的课题有一个清楚的了解,将组内发的论文先拿来读一读,了解本课题组大致有哪些研究方向,然后思考能否在这些方向中找到一个自己感兴趣的,再去进行后期的文献阅读,与导师、师兄师姐们的交流讨论也会对课题的顺利开展大有裨益。

2.1.4 逆向思维

逆向思维与顺向思维不同,它不是按原有的思路进行思考,而是向相反方向开展思维,这往往会突破思维定式,引发重大的突破性的创新成果。例如,野生动物园把人关进"笼子"里看动物及医药中的以毒攻毒，就是典型的逆向思维的产物。人类大量使用的各种药物最终会进入周围环境尤其是河流，通常认为它们会危害鱼类的生长。瑞典于默奥大学研究者针对一种抗焦虑药物奥沙西泮（用于缓解焦虑、紧张、激动和精神抑郁的辅助用药）进行深入研究，发现当鱼类暴露于这种药物中时，表现更为活跃，存活率比对照组更高。经典的看法将残留药物的毒性作为前提，可能忽视了某些有利作用。研究者反其道而行之，他们选择早春瑞典湖内 2 岁成鱼和正在发育的鱼卵，之所以选择这两个阶段，是因为这两个阶段的鱼在野外死亡率最高。这一研究结果具有重要的意义，因为这和传统的看法完全不同，环境中药物残留有可能对某些生物具有正面效应，人们应该重新认识药物的环境效应。

2.1.5 实验过程中的异常结果

在开展实验的过程中可能会遇到很多反常现象或是跟文献报道不符的实验现象。这时，首先要确定实验操作没有错误，多重复几次实验，如果每次都有同样的现象出现，这时候就要去查阅文献，仔细分析，有了思路或者初步的想法之后，可以去找导师讨论，实验中的异常结果很可能成为新发现、新课题的来源。

目前在国内外污水处理行业，厌氧氨氧化（Anammox）已经是家喻户晓的概念。我们都知道 Anammox 技术能成功减少污水处理厂六成的能源消耗，节省一半甚至更多的开销，也减少了九成二氧化碳的排放，是当下国际上研究最为火热的研究方向之一。Anammox 的发现就是源于实验过程中的异常现象。1977 年，Broda 发表了 Anammox 反应可能存在的预测。但是该文献在当时并未得到广泛的关注。直到 20 世纪 80 年代末到 90 年代初，荷兰代尔夫特理工大学 Kuenen 教授指导的学生 Mulder 在运行一个三级反应器系统时，观察到第二级流化床反应器中氮"不明去向"地大量消失，用常规知识无法解释其实验现象。于是他们结合 1977 年奥地利理论化学家 Broda 的化学热力学预测，通过探究，在国际上首次发现了 Anammox 现象，由 Jetten 教授为主开始进行相关的基础研究，并由 van Loosdrecht 教授拓展到工程应用领域。

笔者也曾经遇到类似的情况。为了研究高锰酸钾氧化有机污染物动力学，笔者课题组之前的博士生孙波开展实验考察最佳的淬灭剂（还原剂，用于快速还原不同时间所取样品中的高锰酸钾，进而可以研究有机污染物的降解动力学）。他发现，当亚硫酸钠作为淬灭剂时，有机污染物瞬间消失了。这一现象非常奇怪，孙波在确认这个现象不是由于他的操作失误引起的假象之后，第一时间跟导师进行了汇报，经导师指导后意识到亚硫酸根与高锰酸钾耦合可能可以实现水中有机污染物的快速去除。在此基础上，笔者课题组发明了亚硫酸根活化高锰酸钾超快速氧化技术（PM/BS 技术），这一氧化技术是目前国际上报道的常温常压下的最快的水处理氧化技术。这一氧化技术不仅具有氧化速率快的特点，而且其新颖的反应机制及广阔的应用前景引起了人们的关注。目前，该技术已作为预氧化技术应用于宜兴某乡镇水厂。

2.1.6 对已有理论观点的质疑

科学总是在发展和进步，即使已经经过同行评审发表出来的文章和著作，其中的原理和方法也难免会有疏漏之处，要用怀疑的眼光看待已有的观点和结论，找到其中的错误或不足之处，有助于对已有的理论进行修正、扩展和深化。尽信书不如无书，目前科学的发展百家争鸣，对于同一种现象也常有不同的解释，带着"挑剔"的眼光看待文献中的结果，找出其中的矛盾，也可以发展成一个新颖的、有意思的研究课题。

笔者课题组做过的一个课题就来自对已有观点的质疑。大家一般认为 pH 5.0~9.0 的范围内高锰酸钾的氧化能力基本保持不变，且高锰酸钾氧化离子态酚类化合物的速率要远大于相应的分子态酚类化合物，原因在于酚类化合物电离后苯环上的电子云密度会大大增加，更易受到高锰酸钾的攻击。根据以上观点，可以推测 pH 5.0~9.0 的范围内随着 pH 的升高，高锰酸钾氧化酚类化合物的反应速率不断加快，最后趋于定值（或者是持续上升）。江进教授等在考察高锰酸钾氧化苯酚、2,4-二氯酚和三氯生的动力学时发现 pH 对这三种有机物的影响作用十分不同。在 pH 5.0~9.0 范围内，随着 pH 增加，高锰酸钾氧化苯酚的速率持续上升，而高锰酸钾氧化 2,4-二氯酚和三氯生的反应速率随 pH 上升而增加且都在 pH = 8.0 时达到最大值，当 pH 从 8.0 进一步提高到 9.0 时却大幅下降。这一现象跟传统理论不符，于是笔者带领硕士生杜鹃山对此现象进行了深入研究，并提出了区别于传统理论的高锰酸钾氧化酚类化合物的新反应机制。

2.1.7 学科交叉

不同的学科对同一问题的看法、角度不一，研究方法也各异，思维方法也不同。因此，这种讨论往往能给人一些新的启示。他山之石可以攻玉，学科与学科之间并不是壁垒森严，不同学科之间的交叉问题常常是新知识、新理论生长的沃土。然而不同领域的研究学者们常常只关注本领域的问题，如果能挖掘学科之间的联系，也能做出新颖的课题。但是，学科交叉研究不是将两个学科简单拼凑在一起，而是建立在对本领域有钻研的基础上，寻找与其他学科的内在逻辑联系。学科间的渗透和交叉也是科学在广度、深度上发展的一种必然趋势。比如目前数学方法可以应用到一切科学领域，系统论、信息论、控制论等新型学科也在向自然科学领域渗透，这些交叉方向上会产生很多研究课题。一些研究课题比如说污水处理厂水质参数的自动化监测、药剂的自动化投加管理等，就是从环境工程和信息技术学科交叉的地方产生。

大名鼎鼎的苹果联合创始人史蒂夫·乔布斯曾说，如果他没学书法，就没有今天的苹果。他在中国书法课上学到了衬线和无衬线两种字体，以及如何改变字母间的间距使其好看。当他们设计苹果电脑的时候，把书法中的一些元素用到了苹果电脑中。在开展科研课题时，也可以考虑将其他学科的理论或方法引入到本专业，用 A 学科的方法解决 B 学科的问题。环境工程领域的俞汉青教授课题组将三维荧光（EEM）这一常用于表征天然有机物的方法，引入废水生物处理领域，用于污泥微生物胞外聚合物的表征，做出了优秀的科研成果。我们在平时阅读和交流时，可以留意不同领域的新材料、新方法、新突破，考虑借鉴或者交叉的可能。

2.1.8 从专业心得体会形成选题

在学生学习过程中，研究生或是对课程内容有独到的理解，或是对课程内容的发展、延伸有了新的发现，或是对课程内容做不同角度的审视，或是将课程内容与现实进行联系，挖掘其现实意义，甚至包括对课程内容提出不同意见等。这些心得、体会和评论，往往是科学研究的生长点，在此基础上形成的论文选题，一方面可以加深对所学知识的综合理解，提高论文撰写的效率；另一方面能做到有感而发、观点鲜明，避免思想苍白、内容空洞的毛病。例如，生化需氧量（BOD_5）是水污染控制科学研究领域的常用指标，也是工程实践及水环境管理等领域的常规指标。传统基于溶氧耗量的检测方法，耗时至少 5 日，误差高达 15%。研究人员提出了一种新的检测原理与方法：构建一个微生物燃料电池系统，测定废水在降解过程中所产生的电量，再利用 BOD_5 和产电量之间内在的函数关系得到废水的 BOD_5 值。该方法不仅快捷，而且重现性好，具有突出的创新性。

2.1.9　从新的角度认识已有成果

在科学研究中，常常有这种情况出现：同一问题，或众说纷纭，或有局部分歧，或几种观点针锋相对，大家各持己见，似乎都有一定的道理，但又不能完全令人折服。像这样的问题，就需要做进一步的研究，或赞成，或反对，或另辟路径。只要以充分的论据论证自己的观点，驳倒其他观点，论文就会有所突破。从新的角度对已有成果进行研究，可以在现有成果的基础上使某些不尽圆满的问题更加深入，更加明朗化，直至彻底解决；还可以使长期悬而未决的问题较快得到解决。例如，在芬顿技术被发现约40年之后有研究者提出羟基自由基是此技术产生的活性氧化剂，也有研究者提出四价铁是芬顿技术的活性氧化剂。此后，关于芬顿技术的活性氧化剂到底是羟基自由基还是四价铁陷入激烈的争论。有研究者根据电子顺磁共振波谱检测结果和羟基自由基特有的淬灭剂实验结果得出羟基自由基是此体系的活性氧化剂，然而有研究者质疑这些确定羟基自由基的方法并观察到羟基自由基特有的淬灭剂并不能有效抑制芬顿技术对某些目标污染物的降解，从而得出四价铁是芬顿技术的活性氧化剂的结论。2003年Stephan J. Hug和Leupin Olivier两位研究者利用淬灭剂实验得出在酸性条件下芬顿技术产生羟基自由基而近中性条件下此体系产生四价铁的结论。直到2012年Andreja Bakac等研究者利用亚砜类物质与羟基自由基和四价铁反应生成的产物完全不同这一特点，重新认识了芬顿技术中活性氧化剂的产生问题，确定了在近中性条件下芬顿技术中四价铁的产生。至此，研究者们对芬顿技术中活性氧化剂的产生才有了一个比较统一的认识。

2.1.10　从学科发展的前沿去选题

著名物理学家李政道指出："随便做什么事情，都要跳到前线去作战，问题不是怎么赶上，而是怎么超过，要看准人家站在什么地方，有些什么问题不能解决。不能老是跟，否则就永远跑不到前面去。"这是科学家的切身体会，是取得创新成就的经验之谈。量子力学创始人之一的海森堡，1920年进入慕尼黑大学攻读物理学，到1927年就成了国际闻名的一流物理学家，之所以如此，就是因为他接触和研究当时物理学所面临的重大理论前沿课题——在量子论基础上研究原子物理学问题的结果。从本质上讲，心得、体会、评论还只是思考，要使它上升为论题，还必须经历将此思考理论化、系统化并抽象成为学术命题的过程。

2.2 课题的抉择

对于科研人员来说，头脑风暴想出一个课题方向很容易，但确定一个值得做下去的课题方向却没那么简单，需要反复推敲、逐渐修正。"课题千千万，不行咱就换"是绝对行不通的，尤其是广大研究生群体有完成毕业论文的压力，初入某个领域可能对某个课题难有深入的理解，做到一半发现课题失败是非常痛苦的。在科研过程中我们不仅要有坚持的毅力，还要有汰劣留良的判断力，将有限的时间和经费投入到最有价值的课题中去。笔者建议在选择课题时主要从以下三个方面考虑。

2.2.1 创新性

不管是原创性的工作，还是在前人基础上的补充，科研的选题都要求有创新性：新的结果，新的理论，新的角度。当我们有了一个新的想法，我们需要调研文献了解该方向研究进展，有时候花两个小时查阅文献比在实验室埋头苦干三个月收获更大，我们可能发现关于这个想法前人已经有一定的研究成果，这时候我们要尽力避免做重复性的工作，可以思考如何在前人的基础上继续挖掘，如果在该方向没有新的想法可以考虑其他的课题。只有了解了别人做过些什么，才能知道别人没有做过什么。如果文献中对该方向报道很少，可能是因为没有人研究过这个问题，也可能是因为前人做过相关工作但是失败了，但可以肯定的是，该方向创新性比较强，我们可以摸索着前进。

2.2.2 重要性

课题有一定的研究意义非常重要，选择课题时要面对社会生产实践的需求和科学理论发展的需要，避免为了论文而研究。比如说中国古代最优秀的著作之一《红楼梦》，展示了广阔的社会生活视野，森罗万象，后来的研究者很多，但是如果有人发现没人研究过刘姥姥穿的绣花鞋上的花样，喜出望外而花上几年的时间去研究，可以说是钻牛角尖了。另一方面，科学技术的发展也会使得某些曾经看似没有意义的课题焕发生机，许多优秀的研究在最开始看上去毫无意义，但后来却对人类的社会生活产生重大影响，这些研究多集中在基础学科领域。1887年赫兹发现电磁波之初，肯定没有想到电磁波在一百多年后通过电视、广播、手机通讯、卫星信号、导航、遥控、定位、家电、工业、医疗器械等应用改变了人类生活的方方面面。在选择课题时，要兼顾课题的社会意义和科学价值。

2.2.3 可行性

　　选择课题时还需要考虑难易合适、大小合适、科学原理上可行。对于研究生来说，如果课题过大或过难，就难以在一定的时间内完成它，如果课题过小或过易，就无法有效锻炼科研的能力，形成一定的研究成果。"近代物理学之父"牛顿提出万有引力定律、牛顿运动定律，与莱布尼茨共同发明微积分，可以说是科学上的巨人，但是如此伟大的科学家却也曾痴迷于炼金术，今天来看"点石成金"明显不符合科学原理，没有可行性。

　　总之，课题的选择不容易，方向的选择非常重要，不能走常规路，而要独辟蹊径。也要有破釜沉舟的勇气坚持走自己的路，但是要开辟一个新的方向远比跟在别人后面做研究难得多，有些时候甚至坚持下去的勇气都快消失殆尽了。但是，坚持下去，你可能会有"山重水复疑无路，柳暗花明又一村"的感觉。

第3章　SCI论文实验设计

实验设计是完成一篇 SCI 论文的基本步骤，"九层之台，起于累土"，论文数据的获得始于前期一步步的实验设计。考虑到不同学科、不同研究目标的实验方案各有不同，本章主要阐述实验设计过程中存在的共性问题，包括实验对象、实验变量、实验操作、实验药剂、实验仪器、实验设计原则和实验方案设计方法等内容，希望能为初学者对实验设计基本知识的掌握提供帮助。

3.1 实验设计的重要性

俗话说"磨刀不误砍柴工"。实验设计是论文数据获得的基石，反映了实验者的科研能力和论文的学术水平。一般地，在进行实验之前，研究者都会对实验结果进行预判，然后通过实验，跟预期结果比较，找出差异，继续实验，再分析，如此反复，直到得出最终结论。优秀的实验设计可以减少无用的实验次数，缩短整个实验的周期，并且使实验过程更加顺利，实验数据更加可靠，达到事半功倍的效果。因此实验设计必须要在实验开始之前进行周密的考虑，力求科学合理，才能避免返工所造成的时间和资源的浪费。

在进行实验设计之前，首先要明确所要研究的科学问题，通过阅读有关文献特别是本课题组内的相关论文，对问题有一个较为深入的了解后，提出合理的假设，选定实验的研究对象，明确实验过程中的观测指标，并初步确定研究过程中的一些实验自变量，如 pH、温度、反应时间等，和相应的因变量，如浓度、pH、氧化还原电位（ORP）等，列出实验所需的药剂及主要检测仪器，并根据实验室的现有条件进行调整。然后根据单一变量、对照性、平行重复性等原则进行实验流程的设计，同时考虑各流程之间的关联性和递进性，并在后期实验过程中不断修正和验证假设。

3.2 选定实验对象

3.2.1 通过文献阅读初选实验对象

在科研实验中，要根据学科和实验目的选择具有代表性的实验对象。实验对象总体可分为生物体和非生物体。研究者应基于前期文献阅读积累的基础，为自己要研究的科学问题选择合适的实验对象。

例如，许多学者在研究太湖水华问题时常用铜绿微囊藻作为实验对象，这是因为它是太湖水华爆发时的优势藻种，以它为实验对象最有代表性。又如，某课题要在长三角地区水厂开发应对抗生素污染的工艺，可在众多的抗生素中选择磺胺甲噁唑作为实验对象，因为它是该地区各水厂检出率较高、具有代表性的一种抗生素，选它作为实验对象能使实验结果更具说服力。

需要注意的是，选择合适的实验对象的前提是搞清楚研究所适用的场景，不能单纯为了检测简单而选择实验对象。例如，很多研究中因为染料的浓度可以直接使用分光光度计检测而选择了染料作为研究对象，导致研究的意义不明确，得不偿失。

3.2.2 通过预实验确定实验对象

在实验过程中为得到理想的结果，降低实验的失败率，研究者可在初步确定实验对象后进行预实验，并根据预实验结果确定最终的实验对象。

例如，一个课题要研究各种操作条件及共存离子对某氧化体系降解有机污染物的影响。假如研究者根据文献报道并参考其他氧化体系的实验最终选择了有机污染物A作为实验对象，而预实验结果显示污染物A在该氧化体系中非常难降解，无论研究者怎样改变影响因素和实验工况，污染物A的降解效率都很低，各种条件下实验结果之间的差异都很小，这就会导致实验的规律性不明显，甚至得出错误的实验结论。

笔者的建议是，在前期阅读相关氧化体系降解污染物的文献后，挑选出多个有代表性的有机污染物，然后进行预实验，最终选择受操作条件影响比较大的污染物作为研究对象。

3.2.3 确保实验对象来源的可靠性

选定实验对象后，对后期实验中实验对象来源的可靠性也要进行确认。一般的化学试剂只要选择常见品牌及从正规渠道购买通常不会出现太大问题，但是对于一些精度要求高的实验，在同一个实验中使用不同来源的药剂得到的数据有时候差异很大。这主要是由于不同品牌之间纯度和品控的差异，研究者可根据自身实验室的具体情况和预实验的结果选择最合适的品牌和纯度规格。例如，5,5-二甲基-1-吡咯啉-N-氧化物（DMPO）是利用电子顺磁共振（ESR）检测自由基时常用的捕获剂，价格昂贵，目前国内外许多公司都销售该产品。有研究者为了省钱，购买了较为便宜的劣质 DMPO 试剂，结果未得到相应的信号，后来利用知名品牌的高纯度 DMPO 开展实验，才获得了合理的结果。

对于涉及生物体的相关实验，实验对象挑选是否科学合理更是影响实验成败的重要因素。一般来说，作为实验对象的生物，其健康状况应是良好的，年龄、体重、性别等指标应当相近，同时实验对象的挑选分组也要符合随机原则，不能人为干扰。例如，有人曾研究过多氯联苯对鲫鱼血液电解质的影响，作为实验的研究对象，在挑选时就需要注意从同一养殖场中挑选鱼龄、鱼长、鱼重等各项指标均相近的健康鲫鱼。

3.3 确定实验自变量和因变量

3.3.1 实验自变量的确定

实验自变量指在实验过程中由研究者主动控制、会对实验结果有影响的参数，例如 pH、温度、原料配比、浓度等。在定量实验中，我们通常需要找出实验自变量与实验因变量之间的关系。那么在实验设计阶段该如何选择要研究的实验自变量呢？

对于化学反应而言，一些常见的实验自变量都会影响实验的结果，例如 pH、温度、浓度等。除了这些常见的实验自变量外，举例来说，环境领域的研究者所面对的目标污染物的迁移转化过程常常受到背景基质及共存污染物的影响，因此常见背景基质及共存污染物的种类和浓度也可作为自变量。在确定了实验自变量之后，还要根据实际情况或参考文献确定自变量的取值范围。自变量的取值范围必须考虑研究的场景，选择合理的数值。例如，天然水体中天然有机物、钙离子、氯离子、磷酸根、硅酸根等的浓度相差较大，在考察它们对某一反应过程的影响时，不可以选择同样的浓度范围，需要根据实际情况来确定每种物质的浓度范围。

3.3.2 实验因变量的确定

实验因变量指在实验过程中用来反映实验对象变化的某种特征（如颜色、浓度、电导率等），可分为主观指标和客观指标。通常主观指标指可以通过研究者自身感官观察到的指标，包括颜色、声音、气味等。客观指标指需要借助仪器测得的指标，例如浓度、温度、pH、电导率等。

研究者在实验过程中要观察实验因变量的变化，从而对实验结果做出评判，只有确定了合理的实验观测指标才能记录到完整的实验数据。需要指出的是，在实验过程中应尽量对可能发生变化的因变量都进行监测，这对后续的分析非常有帮助。例如，研究高铁酸盐氧化卡马西平的动力学时，不仅需要监测卡马西平的浓度随时间的变化，还要监测高铁酸盐的浓度随时间的变化；又例如，考察双氧水对高铁酸盐氧化卡马西平动力学过程的影响，需要同时监测双氧水、高铁酸盐和卡马西平浓度随时间的变化。

3.4 掌握常用参数和实验操作

3.4.1 掌握常用参数

除了实验因变量和实验自变量，研究者在实验设计阶段还需确定实验中一些常用参数的范围或者具体值。例如配制某缓冲溶液时，酸及相应的共轭碱分别要加多少；又如配制溶液的储存条件（温度、是否避光等）；实验中所要检测物质的检测波长是多少等。提前掌握这些常用参数可避免实验时的手忙脚乱。这些常用参数通常都能够通过文献阅读获取，在后期 SCI 论文写作过程中的实验方法部分也会需要用到，因此平时要注意积累。

3.4.2 掌握实验操作

对于一些刚刚开展科研工作的研究生来说，在实验设计阶段应当去实验室向师兄师姐学习一些常规的实验操作，确保后期实验过程中不会出现由于操作不规范导致的实验数据不可靠。需要指出的是，师兄师姐的操作也不一定是最合理的，所以你必须带着自己的想法，去思考怎样开展实验才可以得到可控的实验结果。在这里以实验中常会碰到的"取样"操作为例进行说明。首先，要选择正确的取样位置，所取的样品要有代表性，要使所采样品的水平与整个实验对象的平均水平接近，例如沉淀实验后常取液面以下 2 cm 处的样品。接着要选择正确的取样方法，如上述取液面以下 2 cm 处的样品，可选用移液枪或移液管缓慢抽取，同时也要考虑取样体积的多少，一般要多于检测所需数量。取完样后还要选择正确的仪器分析方法，关于仪器的使用将在后面讲述。

除常规的实验操作外，研究者还需要思考在实验中要进行的一些特殊的实验操作。例如开展一个藻类相关实验，对于藻细胞扫描电镜样本的制作，初次接触的人可能并不清楚具体的流程，有些人在实验过程中会想当然地按照以前制作一些无机固体样本的方法进行制作，但藻细胞是生物，如果按照无机固体样本的方法制作很容易导致细胞破裂，使得所制备的样本在扫描电镜中无法得到相应的图像。这不仅浪费实验材料，还浪费了宝贵的时间，有些实验做一次可能就要花费几天的时间，如果因为没有提前搞清楚样本的制作方法导致前功尽弃，是非常可惜的。有的实验材料价格非常高昂或者需要进口流程，如果没有提前做足功课，不仅会导致实验失败，后期重新购买实验材料也会费时费力。

笔者强烈建议研究者在正式实验前一定要将整个实验所需要用到的实验参数和操作方法在脑海中预演一遍，对于一些不清楚的内容要及时通过文献阅读或者预实验的方法确定了之后再去开展实验。

3.5 明确所需药剂和所用仪器

3.5.1 实验所需的药剂

实验所需的药剂应在实验设计阶段尽早准备。对于一些刚进入实验室的研究生，首先要对本课题组内所拥有的药剂和仪器有一个清楚的认识。如果发现自己实验中所需药剂本实验室没有，就要考虑获取渠道。一般有两种途径：一种途径是向周边的实验室借用，尤其是对于本身需求量少且价格不贵的药剂，这种方法省时省力；另一种途径就是购买。对于第二种途径，如果所用药剂比较昂贵，研究生需要事先征得导师的同意，导师同意后，对于非管控类的药剂就可以自行找正规的渠道购买。而如果是危险化学品等管制类药剂则必须要通过各高校的管理平台购买，一般这类药剂的购买时间较长，因此建议研究者一定要早做打算，提前购买，以免耽误实验进度。

研究者还需要了解某些特殊药剂的保存方法、预处理方法、使用注意事项等，以确保实验结果的可控。

3.5.2 实验所需的仪器

在开展实验之前，研究者需要列表确定自己实验过程中所需的烧杯、容量瓶、比色管、移液枪、搅拌仪、温度控制仪等常规的实验设备，也需要列清实验所需的分析仪器，例如紫外分光光度计、液相色谱仪、pH 计等。

玻璃器皿、移液枪等可以使用毕业的师兄师姐留下来的，不足部分可以自行购置。对于实验室没有且不经常使用的仪器，例如扫描电镜等，可以通过本单位的测试平台预约或去其他单位使用。近年来，社会上一些网络平台也开始提供有偿的设备使用和样品检测服务，感兴趣的读者可以自行了解，在此不再赘述。

特别要指出的是，一定要掌握了仪器使用方法之后才可以独立使用。很多分析仪器都很精密，不当操作会导致仪器"趴窝"。仪器的维修不仅费用昂贵而且耽误实验进程，所以要尽量避免。

3.6 实验设计基本原则

根据实验目的和所要验证的假设，研究者需要对实验的步骤进行设计。为保证最终实验结果的科学可靠，在实验的方法步骤设计中，应充分考虑以下几个原则。

3.6.1 单一变量原则

单一变量原则是设计实验的准则之一。很多实验过程会受到多个自变量的影响，为探明某一自变量的影响及相应的反应机制，在实验过程中切记，除了要考察的那个自变量外，其他变量和条件均要保持一致。每组实验只能有一个自变量在变化，这样才能确定实验结果的不同是由于该自变量不同引起的。笔者之前审稿时发现，有的实验设计不合理，导致同时有两个变量在变化。例如，研究亚硫酸根在有氧条件下对零价铁除双酚 A 过程的影响，作者考察亚硫酸根浓度的影响时，只控制了反应的初始 pH，未考虑不同的亚硫酸根初始浓度对反应过程溶液的

pH 会产生影响，导致实验过程中有亚硫酸根浓度和溶液 pH 两个变量，从而出现了难以解释的实验现象。

需要特别提醒大家的是，因为 pH 是各类化学反应的重要参数之一，实验的过程中应尽量保持 pH 恒定，而不是只调节初始 pH。保持实验过程中 pH 恒定，通常有两种方法，一种是利用缓冲溶液，一种是手动或自动地用酸碱调节 pH。当利用缓冲溶液稳定 pH 的时候，必须保证所选择的缓冲溶液不会影响反应本身的进程。如果实在没有办法保持实验过程中 pH 恒定而只是控制反应的初始 pH，那就必须要记录反应过程中 pH 的变化，以便更好地了解反应过程，解释所观察到的规律。

3.6.2 平行重复性原则

任何实验数据都必须有可重复性，必须有多次在误差范围内的实验数据才能确认结果的可靠性。只有单次实验的结果，或者多次实验结果相差较大的，不能作为科学的结论。

例如，对于一些化学类实验，可在保持所有实验条件相同的情况下进行重复实验，对所有实验数据计算平均值和偏差，对偏差较大的实验要再重复实验，直至偏差在合理范围内。例如图 3-1 左边的图中的数据是研究者进行了单次实验的结果，这明显不符合平行重复性原则，该实验结果不能使人信服。图 3-1 右边的图中的数据虽然有误差棒，但数据的标准偏差过大，特别是前 30min 的实验数据，研究者应当更加严格地控制实验条件并多次重复实验，确保实验数据的平行性。

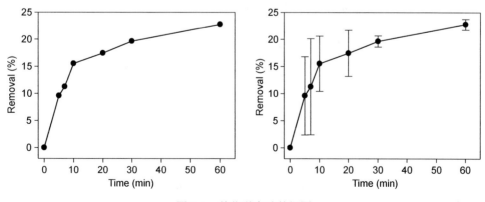

图 3-1 某化学实验数据图

需要指出的是，同一批次的实验重复取样不可以视作两次平行实验，更不能将一个样品的重复测量视为平行实验。

3.6.3 对照性原则

我们在实验设计阶段一定要充分考虑对照实验的设计。一个对照实验应包括实验组和对照组。实验组是从实验目的出发，通过控制实验自变量来干预实验对象而进行的操作，是为了验证假设成立或者不成立的。而对照组不进行相应的操作。

对照性原则常常会和单一变量原则混淆，有些文献中也将单一变量原则归属到对照性原则下面，它们都是实验设计的准则，单一变量原则强调消除其他实验自变量对所要研究的实验自变量的影响，而对照性原则强调实验中的无关变量很多，必须严格控制，要平衡和消除无关变量对实验结果的影响，使实验结果更有说服力。对照实验的设计是消除无关变量影响的有效方法。

对照实验通常有4种，分别是空白对照、条件对照、自身对照和相互对照。

（1）空白对照

实验中的"空白实验"，是指在不加试剂或以等量溶剂替代试剂的情况下，按相同方法操作所进行的实验。其作用是排除实验的环境（空气、湿度等）、实验所用的药品（指示剂等）和实验操作（误差、滴定终点判断等）对实验结果的影响。

例如，要研究 pH 3.0 时 Fe^{2+} 活化过一硫酸盐技术（Fe^{2+}/PMS 技术）对双酚 A 的氧化动力学，空白对照实验是不投加 Fe^{2+} 和 PMS 条件下双酚 A 浓度在 pH 3.0 时随着时间的变化（图 3-2）。通过该空白实验，即可确定双酚 A 因自身挥发或吸附到瓶壁上导致浓度随时间的变化。

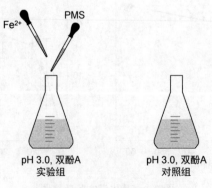

图 3-2 空白对照实验图

（2）条件对照

即虽给实验对象进行了某种实验处理，但这种处理并不是我们要研究的因素，而是作为对照意义的。

例如，要研究 pH 3.0 时 Fe^{2+} 活化过一硫酸盐技术（Fe^{2+}/PMS 技术）对双酚 A 的氧化动力学，条件对照实验就是在该实验条件下，只投加 Fe^{2+} 或 PMS 条件下双酚 A 浓度在 pH 3.0 时随着时间的变化（图 3-3）。通过这两组条件对照实验，就可以明确 Fe^{2+} 与 PMS 在降解双酚 A 时的耦合作用。

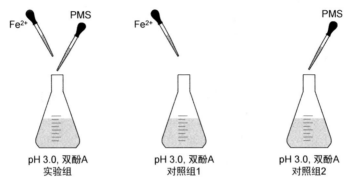

图 3-3　条件对照实验图

（3）自身对照

即对照和实验都在同一个实验对象上进行，不再另外单独设置对照组。自身对照的关键在于充分比较实验处理前后实验对象或实验现象的变化差异，可以把实验处理前的实验状况视为对照组，实验处理后的实验状况视为实验组。例如，要验证一款减肥药是否有效果，就是通过比较同一个人吃药前后体重的变化，以吃药前的体重作为对照组，吃药后的体重作为实验组。

（4）相互对照

即不单独设置对照组，而是几个实验组之间相互作为对照组比对。例如，要探究温度对高锰酸钾氧化双酚 A 的影响，可以在三个锥形瓶中分别加入相同体积、相同浓度的双酚 A 母液，pH 等其他条件均相同，然后分别在恒温水浴锅中保持 10℃、30℃ 和 50℃，再分别在三个试管中加入相同体积、相同浓度的高锰酸钾母液，相同反应时间后加入等量淬灭剂，测量三个样品中双酚 A 的浓度（图 3-4）。通过比较三者双酚 A 浓度的大小就可以知道温度对高锰酸钾氧化双酚 A 的影响。

需要提醒大家的是，在考察温度对反应过程的影响时，在实验开始前，必须保证所有用到的溶液的温度跟实验过程中的温度一致。

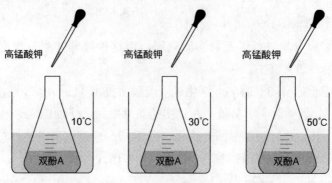

图 3-4 相互对照实验图

3.6.4 随机性原则

随机性原则要求研究者在取样时排除主观上有意识地抽取样本，使每个实验对象被抽中的概率均等。例如，要对某地区去年列出的土壤点源污染的治理情况进行随机抽查，则可以将该地区去年的点源污染进行编号，用随机数表或者计算机软件来实现随机性，随机抽取一定数量的编号进行抽查调研。

3.6.5 数据点加密原则

我们在实验设计阶段可能并不能预料到自己所要研究对象对自变量的响应趋势，当开展了预实验，发现取样点不够密集导致所观察的趋势不能反映实际情况的话，就必须增加取样点。例如，图 3-5 中左图为 pH 对某反应速率常数的影响，从图中我们可以发现该反应在 pH 7.4～7.6 的反应速率最快，且整个趋势呈类抛物线型。但如果我们前期规划实验时设计的 pH 梯度是 6.0、7.0、8.0、9.0，那

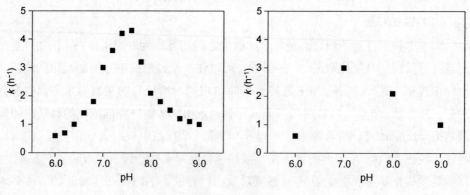

图 3-5 某实验数据图（一）

我们得到的数据就如右图所示，显然我们可能就会得出 pH 7.0 时反应速率最快的结论，更不会发现这个类抛物线的趋势。

又如化学反应并不都是缓慢或匀速进行的，有些反应会在反应初期速率极快，而在后期逐渐变平缓，因此开展动力学实验时，按照等时间间距选择取样点并不能很好地反映初期的反应过程。如图 3-6 左图所示，反应在前 3min 的去除率已经占了最终总去除率的绝大部分，虽然后面去除率仍在上升，但已经非常缓慢了。为了更好地反映初始阶段的动力学，应该在 0～3min 之间设更多的时间点取样，结果如右图所示。

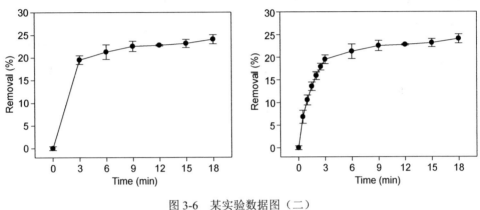

图 3-6　某实验数据图（二）

3.7　实验方案设计方法

实验方案设计的方法很多，对于一些优化类的实验尤其要注意选择适合的设计方法。这里主要讲一下比较经典的三种设计方法：单因素轮换法、正交实验法和均匀设计法。它们都有自己适合的使用场景，也有各自的优缺点。

3.7.1　单因素轮换法

单因素轮换法是最简单也是一般研究人员最早接触的一种实验设计方法。其表述方法和我们前面提到的单一变量原则很相似。单因素轮换法指在一个多因素影响体系中，每次只改变一个影响因素，其他因素不变，探究该因素对实验因变量的影响。这种方法的优点很明显，比较简单直观，但当影响因素很多时，实验次数会大大增加，且这种方法不能考察各因素之间的相互影响。

3.7.2 正交实验法

当一个实验中影响因素很多时,可以借助数学中数理统计的手段来合理安排实验,减少实验次数,更快得到结论,正交实验法就是其中之一。正交实验法是优化类实验中处理多因素优化问题的有效方法,它的基本工具是正交表,其具有均匀分散、整齐可比的特点。

正交实验法优点显著,运用该方法可减少实验次数,通过较少的实验次数得出各因素对实验因变量的影响大小,理清各因素间的主次关系,找出较好的实验条件或最优参数组合。另外,正交实验法得到的数据点分布更为均匀,对数据进行回归和方差分析后还可得出一些有价值的结论。

正交实验法是根据正交性来挑选实验中具有代表性的点,它在挑选这些点时都满足"均匀分散、整齐可比"的特点。简单来说,"均匀分散"使每个实验点能均衡地分布在实验范围内,使这些点具有代表性;"整齐可比"使最终的实验结果便于分析,更容易找出各影响因素间的主次关系和相互作用。但正交实验法由于考虑"整齐可比"使得其实验点的数量仍旧较多。

3.7.3 均匀设计法

与正交实验法不同,均匀设计法只考虑"均匀分散"而不考虑"整体可比",因此实验点的选取比正交实验法的实验点均匀性更好,更具代表性,且实验点数量大大减少。同时,均匀设计法中实验结果的处理必须采用回归分析方法,这是它与正交实验法的最大不同之处。

均匀设计法的主要工具是均匀设计表,这是根据数论在多维数值积分的应用原理构造而成的,可分为等水平表和混合水平表两种。

第4章 数据处理与图表制作

在完成实验后,你已经获得了一些原始数据,如同拥有了做菜的原材料。那么接下来的数据处理,就如同食材的烹饪,一种食材有千万种烹饪方法,而同一批数据,根据科研工作者的处理和理解能力的不同,可能变成"粗茶淡饭",也可能变成"美味佳肴"。我们发现,有些研究生和青年科研工作者由于没有得到良好的科研训练,别说把品质优良的食材做成大餐,就连做成可以入口的饭菜也难以做到。数据处理是对实验的进一步理解和对实验发现的一个总结。即使前期的实验得到了比较不错的结果,但如果因为没有处理好数据或者采取了不规范的图表表达形式,而导致论文不能发表或者不能发表在高水平的期刊上,会令人感到惋惜。一个不善于处理数据的研究者就像一个不合格的厨师。本章将介绍科研工作中数据处理和图表制作过程中的注意事项,指导研究者如何把基本的食材,通过规范的烹饪流程和摆盘方式,做成可以放上桌面并食用的饭菜。期待这些内容能给大家带来启发,可以让你们的科研"厨艺"更上一层楼,做出科研的"八珍玉食"。

4.1 数据处理

数据统计方面的一些基本概念,如平均值、标准偏差、方差等,网络上及相关书籍中有详细的介绍,在此不再赘述。本节主要介绍实验数据记录和处理的基本方法,并讨论一些数据处理过程中需要注意的问题。

4.1.1 数据的记录

实验数据的处理自然离不开将数据绘制成直观的图表,这是数据记录和处理最常用也是最基本的方法。从实验得到的数据首先要输入到表格中,然后在表格中进行一些运算和处理,也就是将原始实验数据、计算的中间数据以及得到的结论数据依据一定的形式和顺序列成表格。表格法可以全面且简单地记录和表示物理量的数值和各物理量之间的对应关系，便于分析和挖掘数据的规律性，也有助于检查和发现实验中的问题。

（1）原始记录本非常重要

以一般的化学实验为例，每次实验开始前，应先写好本次实验的详细条件，包括日期、温度、溶液pH、各物质的浓度等参数，以确保以后再次查找原始数据时也能够快速定位，并达到能根据原始记录重复实验的程度。

（2）原始数据及时转为电子记录

出于保存和处理数据的需要，应及时将原始数据转为电子记录，电子记录的要求与原始数据相同，不仅应包括实验数据，还应包括实验条件等参数，同时应保存原始记录，以便于日后查看。Excel电子表格是十分常用且好用的数据记录及初步处理的软件，科研工作者有必要学一些Excel电子表格的公式运算及作图方法，进行数据的预处理，把有用的数据处理结果及时保存并详细命名，以便以后能通过关键词搜索等方法快速找到。无用的数据应及时清除。

（3）电子表格记录数据的要点

在将数据记录到表格和在表格中处理数据时需要做到以下几点：第一，合理地设计表格，便于对数据进行记录、处理和检查；第二，表格中各个数据的单位要记录清楚，但是注意不要把单位和数值写在同一个单元格中，以方便之后对数值进行运算；第三，除了原始数据外，运算的中间数据的数值尽量不要手动输入，而是应该以单元格运算的方式进行输入，保留计算公式以便于后期的检查和修正；第四，表格中的数据需要有足够的有效数字，数值的记录需要尽可能精确，以利于得到最可靠的结果；第五，表格中需要有必要的说明文字，对数据的类型、运算方式等进行说明，方便之后参考这些重要信息。

（4）记录数据一定要全面而丰富

在记录数据时应该注意，数据信息应该全面而丰富，方便之后查阅。首先，如上文提到，在记录原始数据的时候应该记录全面，各种实验条件应该尽可能详细，需要达到的标准是让别人看到你的数据能知道每个数据对应的实验条件。俗话说"好记性不如烂笔头"，不要盲目相信自己的记忆力，多记录一些信息总是有益的。有的人做完实验得到的数据确实记录并保存了，但是过段时间再去查看时，就完全记不得这些数据是什么意思了，就是因为关于这些数据的信息记录得不完整，以至于有了这些数据就跟没有一样，损失非常大。其次，数据处理过程中每一步都要记录清楚，需要达到的标准是别人根据你的记录，完全可以从原始数据得到最后的结果。从这一步到下一步经过了什么过程，得到了什么结果，每个数据代表什么，实验条件是什么，都要写得尽可能详细，不然等到最后结果出了问题，再回去检查的时候会非常痛苦。最后，数据文件的命名也一定要清楚而详细，以便于之后的检索，尤其是发给导师的文件，切记要命好名。文件名称至少要包括此文件的主题、你的名字、日期，不然等到导师下次想查找你的数据时，可能再也找不到你的文件了。图4-1展示了实验数据记录表格的示范，表格中数据分类明确，各种实验和测试条件、日期也都有记录，方便之后的查阅。

Reaction time (h)	s/aq	Fe species (mmol/L)			S species (mmol/L)				Se species (mmol/L)			EER (%)	URR (%)
		Fe⁰	Fe²⁺	Fe³⁺	S²⁻	S⁻	S⁰	SO₄²⁻	Se(0)	Se(IV)	Se(VI)		
0	Solid	3.87	0.14	0.13	0.0159	0.0215	0.1377	0.0401					
2	Solid	0.79	0.05	3.05	0.0183	0.0842	0.0493	0.0633	0.04267	0.01319	0.01040	3.27	67.24
	Aqueous	-	0.00	0.00	0.0000	0.0000	0.0000	0.0000					
4	Solid	0.39	0.28	3.21	0.0438	0.0346	0.0692	0.0677	0.05819	0.01468	0.00126	3.93	74.84
	Aqueous	-	0.00	0.00	0.0000	0.0000	0.0000	0.0000					
6	Solid	0.23	0.33	3.32	0.0497	0.0493	0.0410	0.0752	0.06020	0.01533	0.00000	3.89	78.40
	Aqueous	-	0.00	0.00	0.0000	0.0000	0.0000	0.0000					
12	Solid	0.17	0.53	3.18	0.0382	0.0366	0.0582	0.0822	0.06735	0.01207	0.00000	4.23	78.79
	Aqueous	-	0.00	0.00	0.0000	0.0000	0.0000	0.0000					
24	Solid	0.02	0.44	3.42	0.0532	0.0343	0.0348	0.0929	0.06882	0.01074	0.00000	4.06	83.28
	Aqueous	-	0.00	0.00	0.0000	0.0000	0.0000	0.0000					
动力学样品准备		实验条件：pH₀ 6.0, [Se(VI)]₀ = 30.0 mg/L, S-ZVI (S/Fe=0.05) = 0.50 g/L, 400 r/min, 25 ℃; 实验时间 2019/2/22												
样品保存		反应时间点取溶液过0.22 μm滤膜，硝酸酸化至pH<2保存；抽滤得到固体样品，用超纯水冲洗三遍，冷冻干燥48 h后放入手套箱保存												
样品测试说明	Solid	Fe⁰, Fe²⁺, Fe³⁺			S²⁻, S⁻, S⁰, SO₄²⁻				消解法 (6.0 mol/L HCl, 磷立气相色谱-GC9790; 紫外和原子吸收仪下), 2019/02/26 S K-edge XANES spectra, 北京光源4B7A线站, 2019/04/02 LCF of the Se K-edge XANES spectra, 上海光源BL14W线站, 2019/03/11				
	Aqueous	Fe²⁺, Fe³⁺			S²⁻, S⁻, S⁰, SO₄²⁻				紫外光谱 (Purkinje TU-1902); 原子吸收光谱 (Thermo iCE 3300 AAS), 2019/02/22 离子色谱 (Thermo Scientific Dionex ICS-5000), 2019/02/23				
备注1		EER计算公式参考文献: *Environ. Sci. Technol.* 2019, 53, 14577−14585. https://doi.org/10.1021/acs.est.9b04956												
备注2		URR计算公式参考文献: *Water Res.* 2019, 159, 375−384. https://doi.org/10.1016/j.watres.2019.05.037												
备注3		本表electric EER和URR为反应时间点的累积值，并非反应时间点的瞬时值。												

图4-1 实验数据记录表格的示范

4.1.2 数据的分析

在将数据输入表格中以及对表格中的数据进行运算后，接下来就是把数据做成图来分析和处理数据了。作图法是利用图线来表示物理量之间关系的方法，能形象直观地表现数据的结果和特征。我们在处理数据的过程中随时可以把数据做成图，来观察和分析数据的趋势，从而指导下一步的数据处理和实验。

（1）作图法分析数据的要点

作图法处理数据需要做到以下几点：第一，合理选择坐标轴，坐标轴不仅有直角坐标系，还有对数坐标系、极坐标系等，合理选择坐标轴可以更好地体现数据的趋势；第二，合理选择数据范围，不宜把多组数据画在同一张图上分析，否则会造成图线混杂从而使分析困难,对于某一条图线来说也不一定是全部范围的数据都需要,有时需要突出和关注关键的数据,以便于针对性地分析和处理;第三,接下来可能还会继续用数据图分析数据,应及时在图上或图旁标明该图的实验条件和数据种类等信息,方便后续进行查阅和进一步处理。

(2) 数据的相关性分析

相关性分析是指对两个或多个具备相关性的变量元素进行分析,从而衡量变量因素间的相关密切程度。相关性分析是找出实验数据规律的最常用办法之一,相关性往往能反映出实验现象背后的机理。规律性的结论能对其他研究者提供更好的参考,具有重要意义。需要注意的是,相关性不等于因果性,也不是简单的个性化,进行相关性分析的变量之间需要存在一定的联系才可以进行相关性分析。

进行相关性分析的步骤首先是把两组数据画成散点图,再根据散点图的趋势来进行判断。如图 4-2 所示,a 图显示两组数据呈现正线性相关,b 图则是负线性相关,c 图则表现出两组数据无相关性,d 图显示出两组数据并非呈现线性相关性,需要进一步处理或者寻找其他模型进行拟合。对于呈现出相关性的数据,需要给

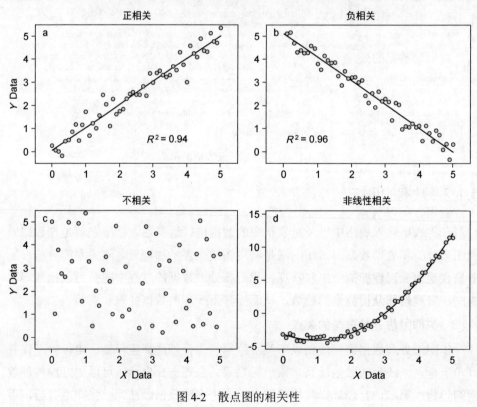

图 4-2 散点图的相关性

出相关系数，来表示数据的相关程度。关于对数据进行相关性分析的专业方法和软件，具体可以参照相关的专业书籍。

此外，我们在这里需要强调的是，对数据进行相关性分析的时候要多多尝试。我们都知道做实验的时候需要多尝试，尝试不同方法、不同条件、不同剂量等，其实在处理实验数据的时候，也离不开尝试的过程。举一个最简单的例子，在一组实验中控制了自变量 A 的变化，得到了体系中因变量 B 和因变量 C 的变化，可以分别画出随着 A 变化 B 的变化和随着 A 变化 C 的变化两张图，那么是否可以进一步尝试一下，分析一下 B 和 C 之间有没有相关性。一项完整的研究里，可能需要考察多种自变量的变化，也会得到多种因变量的变化，得到的数据会是非常丰富的，这时候就需要多多尝试，去分析各种变量之间的关系，大胆假设，小心求证。不要害怕麻烦，要勇于尝试，面对同样的数据，有时候多尝试几种数据的组合，也许就能打开新世界的大门。图 4-2c 中的两组数据看起来是没有相关性的，但是在具体的研究中，数据会具有特定的属性，我们尝试对数据进行进一步的运算和处理，也许就能发现两组数据的相关性。

4.1.3 数据的再加工

对原始数据的处理和分析，会得到关于数据规律性的初步信息，而如果想得到更深入的规律，真正做到拨开迷雾看本质，则需要进一步挖掘数据，对数据进行再加工。

简单的数据再加工方式包括对数据进行加减乘除等运算，使得数据的信息级别进一步提高，对加工后的数据进行分析，有利于得出更直观或者更深入的信息。举个简单的例子：A、B、C、D 四个体系对污染物的去除量如图 4-3a 所示，其中 A 为基准体系。由于数值差异较大，若不对数据进行加工，则难以定量地展现和比较数据。而以 A 体系为基准，计算 B、C、D 三个体系对污染物去除量的提升倍数，并采用对数坐标系绘制在图 4-3b 中，则可以对这三个体系的效果一目了然。

当然，还有更加深入的数据再加工方式，不同的学科专业也有独特的数据加工模式。例如，在化学化工领域，可以对化学反应的动力学数据，用多种动力学模型进行拟合，从而得到包括反应速率常数在内的多种参数，这些参数还可以进行进一步的分析，从而得到更深层次的科学规律。另外，对反应体系进行紫外和红外谱图表征，可以通过谱图之间的差减得到更深入的信息。一些光谱的表征，如 X 射线衍射、吸收谱等，还需要对其进行转换和拟合，以得到更加丰富的样品结构信息。

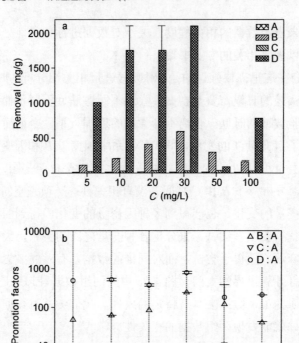

图 4-3 对数据的再加工

4.1.4 数据处理的其他注意事项

关于实验数据的处理，结合笔者的科研经验，提醒大家注意以下事项。

（1）及时处理数据，讲究"趁热打铁"

数据只有处理了以后才会得到规律性的结论，才能指导下一步的科研工作。原始数据如果不及时处理，和这些数据有关的科研方向就会停滞不前，时间久了再去查看和处理这些原始数据，也会费时费力。《左传》中曾说过："夫战，勇气也。一鼓作气，再而衰，三而竭。"处理数据也讲究一鼓作气，做完实验后立刻处理数据，会极大提升科研的效率。很多学生在和导师讨论或者在进行组会汇报的时候直接展示原始数据，这是一个非常不好的科研习惯。正确的做法是先将数据进行处理并得到直观的、结论性的图表，然后再进行讨论及汇报。这样会大大提升汇报和讨论的效率，有利于别人对自己的工作提出建议，也有利于启发自己对接下来工作的灵感。

（2）善于发现数据的"异常"情况

在做研究的过程中，经常会发现一些数据和自己的预期不符，有些数据完全是异常的甚至和自己的预测是相反的。不少人遇到这种情况都会感到沮丧甚至一蹶不振，实际上大可不必如此。纵观人类科学的发展史，有太多的重大进展都是基于一些异常的实验现象。从某种角度来说，只有实验出现异常，并且探明异常的原因，才会有进步的意义，否则实验得到的结果和预测的完全一样，哪里还有什么创新性可言呢。所以，在数据处理过程中一定要积极应对出现的异常情况，在确保实验过程正确的前提下，对这些异常数据要进行认真分析，这可能正是一项新发现的开始。

（3）多跟踪和阅读相关文献

有些实验数据可能早已有人发表过，这时就可以去参考他们的数据来进行下一步实验，甚至可以重复一遍实验去验证他们得到的数据。在进行了一定阶段的数据处理工作后，相信你会得到一些规律性的结论，这个时候也要及时地去查阅相关的文献，尤其是和你的研究相似的文献，去和前人得到的结果进行对比。还可以引用别人论文里的数据，来佐证你的实验结果或者突出你提出的方法的优势。除了参考别人论文的数据和结论，还可以参考文献中对数据的处理方法。"他山之石，可以攻玉"，面对繁杂的数据毫无头绪时，多看看别人论文里的数据处理和呈现方式，也许就会豁然开朗。

（4）及时备份数据

投资领域有一种说法是"不要把鸡蛋放在同一个篮子里"，对科研工作者的科研生涯来说，数据就是鸡蛋，把鸡蛋都放在一个篮子里，唯一的篮子打翻了，所有的鸡蛋也就都没了。移动硬盘和网络云盘是很好的科研工具，可以用来备份数据，数据是科研工作者的"生命"，不要等到数据丢失了才追悔莫及。

4.2 插图制作

科技论文的插图是实验数据和分析结论的具象化表达，而科研绘图是一门将艺术和科学相结合的工作，既能用图片的艺术感来吸引读者，又能表达出其真实的科学性，帮助读者理解科研工作者所研究的内容。而在这个"看脸"的时代，作为论文的颜值担当——论文插图的地位不可小觑，它不仅仅是读者关注的对象，也是编辑和审稿人的首要关注点。"审稿先看图"，已经成了学术论文同行评议工作中约定俗成的规则。论文插图对论文数据的凝练和表达可以表现研究的内容和水平，但是常常被人忽视的是，论文插图的规范和美观也是影响论文质量的重要因素。中国古有"见微知著"之说，有时正是由于论文插图不规范、不美观的这些小问题，导致了严重的后果。如果论文的插图不规范，那么编辑和审稿人会对该研究的规范性提出合理的质疑，读者看到不美观的论文插图，也会影响对研究内容与数据结果的理解。总而言之，规范、美观的论文插图会让人眼前一亮，很好地完成说明文章观点的任务；不规范、难看的论文插图不仅会影响读者的理解，更会使读者对该研究价值的评价大打折扣。以下笔者将针对 SCI 论文插图规范性的常见问题进行分析和阐述。

4.2.1 插图的类型、组成和制作软件

论文插图的类型多种多样，主要包括数据图、构造图、示意图、流程图、地图、照片等。而 SCI 论文中的插图，最主要的类型就是数据图，主要用以描述数据的信息和趋势，包括点线图、柱状图、饼状图等。作者需要根据数据的类型来选择图的类型，比如点线图用以表达数据的变化趋势，柱状图常用来比较某些数值等。有些人在论文中采用了不合适的图的类型，例如用柱状图来表示动力学数据点，或者用点线图来表达没有变化趋势意义的数据点，这些都是很不合理的选择。

数据图的基本构成如图 4-4 所示，这些部分是数据图的必要组成部分，它们往往都是不可或缺的。

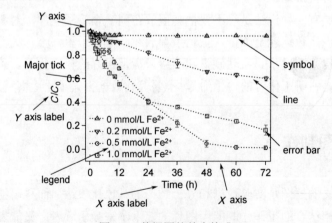

图 4-4　数据图的基本构成

插图的绘制和编辑软件多种多样，常用的软件包括具有绘制数据图功能的 Excel、SigmaPlot、Origin 等，具有图片编辑功能的 Photoshop、Illustrator 等，另

外，PowerPoint 也具有强大的图形绘制和编辑功能。笔者常用的数据图绘制软件为 SigmaPlot，界面非常友好，图表类型全面丰富，各种参数的调节也比较方便。当然，使用什么软件并不是最重要的，只要用心钻研，任何一款绘图软件都能绘制出让人满意的插图。

4.2.2 插图的整体性要求：清晰度、版面尺寸和背景

不同期刊对论文插图的要求不同，但是基本的要求往往是一致的，即要求图的清晰度足够。作者在投稿前应仔细阅读期刊的 Authors Guidelines，对于不符合期刊要求的图应做出相应的修改。对于摘要图（Graphical abstract 或 TOC art）的尺寸，很多期刊都会给出详细的规定，而对于论文插图的尺寸，期刊往往不会严格限定。但是为了提高插图的阅读性和版面的利用率，作者需要特别注意图的版面尺寸。SCI 期刊的排版多为左右分栏排版，考虑到排版要求，插图有三种排版方式：半版图（宽度 8 cm）；2/3 版图（宽度 12～15 cm）；整版图（宽度 17 cm）。以此三种版式作为参考，作者应该综合考虑图片表达信息的清晰程度和图片高度，来选择适合的图片宽度。此外，插入论文的图应锁定纵横比，防止对图片进行横向或纵向拉伸，从而导致图形失真。图 4-5 展示的图片就是因为图片进行了横向拉伸而导致图形失真。

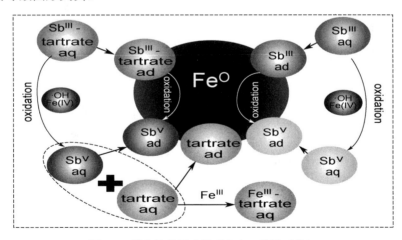

图 4-5　横向拉伸导致图形失真（错误示范）

此外，对所绘制的图进行简单的截屏后粘贴，或者对未达到分辨率要求的图片强行进行放大，都会导致图片模糊不清，是需要避免的行为。各种软件所绘制的图，都需要输出为矢量图形式（eps 或 emf 图片格式）再贴入正文中，并且转

换为 pdf 格式检查其效果，确保图片最高的清晰度。除了矢量图以外，大部分 SCI 期刊还允许以 tif 图片格式进行投稿，但是要保证足够的图片分辨率。

关于插图的尺寸问题，其实就是掌握好图框、图线、图中文字三者的比例。三者的比例需要适中，如果比例不协调就会造成图片的不规范和不美观。如图 4-6 所示，因为图框选择得过大，所以图中的文字和图线都显得较小，导致阅读不便和版面的浪费。

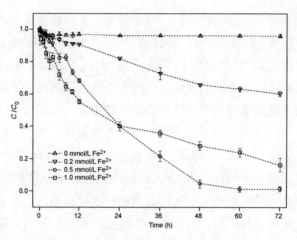

图 4-6　图框的尺寸过大（错误示范）

除了对数据图的清晰度有要求以外，对其他类型的图片如照片，也应注意其清晰度，尤其需要注意背景的简洁。必要的时候，在拍摄照片时加入纯色的对比度强的背景物品，如白布和白色纸板等。同样地，SEM、TEM 等电镜照片也需要注意获得清晰度足够的图片，要表达的信息和背景需要对比强烈。而对于数据图来说，原则上都不使用背景，因为背景会干扰读者对图片主体信息的读取，如果想要区分两张数据图，可以采用纯色的背景加以区分。此外，尤其要注意论文的摘要图，不要添加一些无谓的渐变图案或者图片作为背景，以免造成整体的格局下降，属于画蛇添足，没有任何意义，也并不好看。

4.2.3　插图的图线

图线是数据图最核心的部分，是对数据的直接表达。在这里，我们把表达数据的部分统称为图线，即图的内容，不仅仅指线状图，柱状图的柱子、面积图的区域面积等也包括在图线的定义范围内。

对于点线图来说，各个数据点之间的连接需要使用直线，而在不少论文中对于数据点的连接采用的是平滑曲线，如图4-7所示。

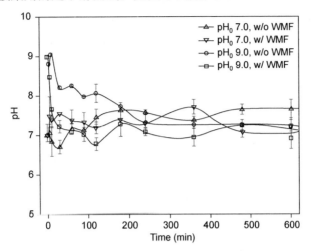

图4-7　用平滑曲线连接数据点（错误示范）

平滑曲线过度地预测了数据的走向规律，提供了超出实测数据的信息，应避免用其连接数据点。根据笔者的经验，对插图内数据点的直接连接使用直线和虚线线型，对插图内的数据点进行拟合时使用平滑曲线和实线线型，这是比较合理和规范的作图习惯，如图4-8所示。

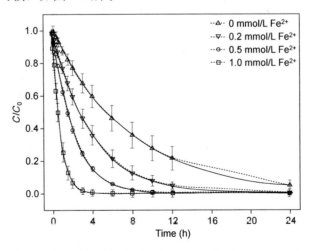

图4-8　直线连接数据点、平滑曲线拟合数据（正确示范）

此外，在图线绘制过程中，要充分考虑区分各条图线，尤其需要考虑在黑白打印的情况下，依旧可以清晰区分各条图线，因此各条图线需要采用不同的图例。

如图 4-9 所示，在彩图中可以较好地区分各条图线，但是当将此图黑白打印时，由于采用了相同的图例，就无法有效区分图中的各条图线了。

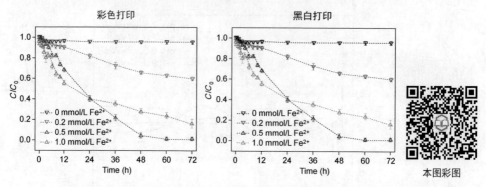

图 4-9　彩色打印和黑白打印的区别

需要注意图线对数据的表达不能有误导性，这并不是指数据出现了错误，而是指图线的选型或者绘制过程出现了不合理的地方，从而误导读者对数据的理解。插图误导性的来源之一是采用三维图形来表达二维信息。数据图的维度原则是尽量用二维来表达信息，表达多维度的信息时可以采用气泡图、色差图等，应谨慎使用三维图形来表达。一些论文中采用的三维表达是毫无意义的，需要尽量避免。如图 4-10 所示，二维的饼状图可以明确表示各个组分所占比例的大小，但使用三维饼状图时，由于透视和厚度的关系，会导致"近大远小"的现象，造成误导。

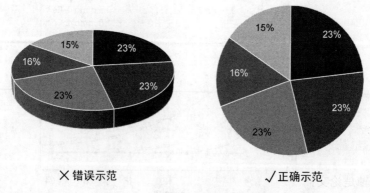

图 4-10　三维饼状图容易产生误导

如图 4-11 所示，采用两个圆形的图比较大小，数值的大小应该和二者的面积成正比，而不应该是和二者的直径成正比，把数据的数值作为圆的直径来绘制面积图进行比较，就会造成误导。如果作者因圆形的面积差异过小导致数据对比不明显，使用直径表示数据大小时，应在图名中特别说明，或者直接将数据标于图中。

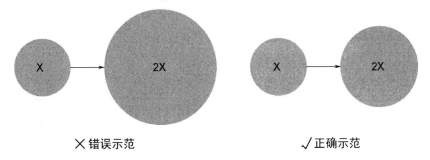

图 4-11　数值表达不合理产生误导

此外，插图误导性的来源还可能是数据因为覆盖而被隐藏，在面积图和三维柱状图里都可能出现这种情况。如图 4-12 所示，因为面积的覆盖，导致了数据丢失，从而引起了误导，可以采用一些透明化的处理来确保数据的完整表达。

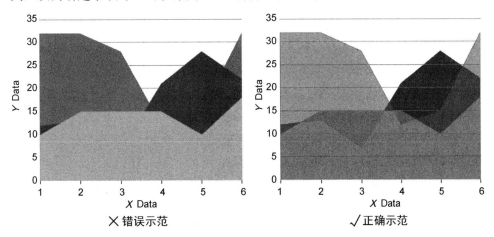

图 4-12　因遮挡而导致的数据丢失

4.2.4　插图的坐标轴

坐标轴是论文插图的尺度标注，是论文插图不可或缺的基本组成部分。首先，坐标轴的范围选择要合理，需要充分表达数据却不冗余。

如图 4-13 所示，由于横坐标轴的范围选择过大，导致数据的有效信息辨识不清。其实，在这张插图的数据中 0～24h 的数据是关键信息，需要充分地进行表达，而 36h 以后的数据是不必要的，所以横坐标的范围选取在 0～36h 即可。

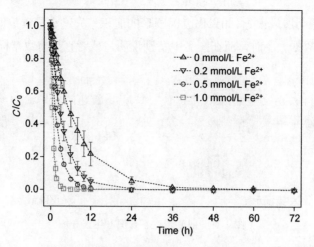

图 4-13　横坐标轴范围过大（错误示范）

另外，需要善于运用对坐标轴进行"打断"的技巧。如图 4-14 所示，左图选取的纵坐标轴是常规坐标轴，由于 condition 1 条件下的数据值和其他三个相差太大，导致 condition 2～4 条件下的数据值的对比不清楚，数据没有清晰有效地表达；而右图中对纵坐标进行了打断，这样可以充分地表达数据，也清晰地比较了 condition 2～4 条件下的数据值。

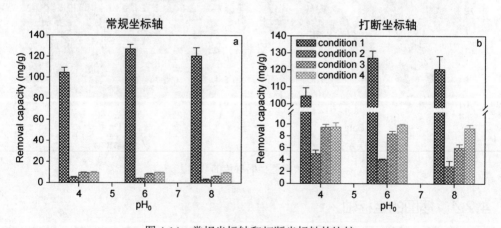

图 4-14　常规坐标轴和打断坐标轴的比较

横纵坐标需要标注"量或者规定符号、单位"。在不需要标明的时候，比如量纲为 1 的时候，单位可以省略。注意横纵坐标采用的量和单位要和正文里的一致，比如有的论文在描述溶液浓度的时候，在图中写的单位为 mmol/L，而在正文里写的却是 mg/L，会给读者的阅读和理解造成障碍，这是需要注意避免的。

4.2.5 插图中的文字和图名

插图中的文字说明最好不要用缩写的表达方式,因为图是独立于正文的存在,这是论文插图的"自明性"属性。优秀的论文插图,要做到让读者只看图和图名,不用再去正文里阅读就能完全了解所要表达的意思。对于摘要图来说更是如此,读者不需要阅读摘要和正文内容,仅仅通过阅读摘要图就能大致把握文章的主旨。

关于论文插图中的文字,除了上述已经说明的尺寸不宜过大或过小外,还需要特别注意一些细节问题,如上下标、斜体、勿遮挡图线等。如图 4-15 所示,纵坐标 C/C_0 的大小写和下标没有注意,错误地写成了 $c/c0$;横坐标 Time 和(h)之间缺少了空格;图例中的 Fe^{2+} 的上标明显偏大,可能是字体调整过程中出现的失误;另外,图例所放置的位置遮挡了部分图线。这些都是在论文插图中常常出现的错误,论文作者需要特别注意。

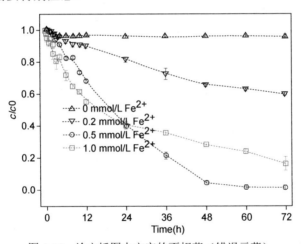

图 4-15 论文插图中文字的不规范(错误示范)

图片中的文字尽量做到"少而精",并且字体格式要统一,最好不要使用 Times New Roman 等衬线字体,推荐使用非衬线字体,如 Arial 等。规范的论文插图应该做到字体的统一,切忌同一张图内使用多种不同字体,图 4-16 展示了一个错误示范。

图名也是论文插图的重要组成部分。图名应该标有图的序号,且图的序号应和正文中出现的顺序一致。需要注意的是,在论文图名中最好标上重要的反应条件,这样便于读者在阅读时能尽快理解图的内容。

一些照片图包括 SEM 图等,应标有放大倍数或者比例尺。另外,图中数字的有效数字等问题同样需要注意,参照本书 6.5.2 中的具体说明。

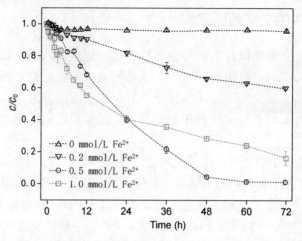

图 4-16　图内字体不统一（错误示范）

4.2.6　插图的选择、排布和对齐

　　SCI 论文的核心数据只有几张图，因此在选择数据图的时候一定要谨慎，考虑如何用有限的图来表现整篇论文的核心数据，让编辑、审稿人和读者掌握论文的重点。对论文插图的取舍和排列也体现了作者对论文内容的理解程度。需要选择重要的图放在正文里，不重要的图可以放在支撑材料中。有些完全不重要的图，如测试的标准曲线、软件操作的截图等都可以删掉。切忌把整篇论文所有的图都放到正文里，正文里出现的应该是简练的、概括性的、结论性的图表。

　　插图的组合原则是把相关性紧密的图拼成一个大图，比如同一类型的图，还有例如各种表征说明同一个问题，或者污染物的去除动力学和某项表征性质紧密相关，则可以考虑将这些图组合为一个大图。除此以外，不要将表示不同信息的图组合，例如将正文里分成两个部分来讨论的图强行组合成一个图，会造成阅读的不便。

　　当一个插图由多张小图组成时，各个小图的排布是一个值得关注的点。小图之间的间距不宜过大，且如果各个小图的横坐标或者纵坐标是一致的话，可以省去，使得各个小图拼在一起更加紧凑，节省版面。图 4-17 展示了一个错误示范。

　　另外，大多数 SCI 期刊为双栏排版，因此在排布小图时应事先想好该图是占单栏还是占双栏，参照 4.2.2 中关于插图版面尺寸的说明。具体而言，单栏排布的图不宜过宽，有多个小图时可以竖排；双栏排布的图应考虑好每行的小图数量。如有 3 个小图的情况下，一列单栏排布或一行双栏排布都是可以接受的，但排成图 4-18 所示的形式，既占了双栏的版面，又留了很多空白，不是最优的选择。

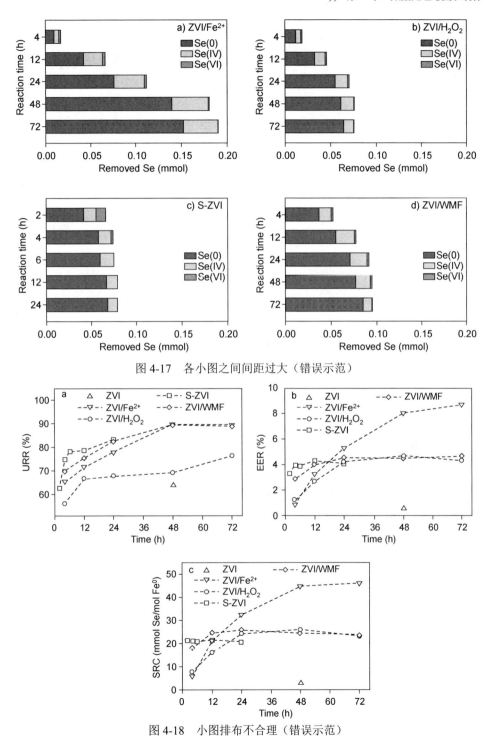

图 4-17　各小图之间间距过大（错误示范）

图 4-18　小图排布不合理（错误示范）

当一张论文插图由多张小图组成时，应注意对齐。首先，各个小图应该保持对齐，间距一致；另外，各个小图的编号、横坐标、纵坐标等应该保持对齐，图例也应尽量保持对齐。其实图片的对齐和排布，由各种绘图软件的定位功能都可以轻松实现，但笔者在同行评议过程中仍然多次遇到图片不对齐的情况，令人感到无奈。图 4-19 和图 4-20 展示了两个错误示范。

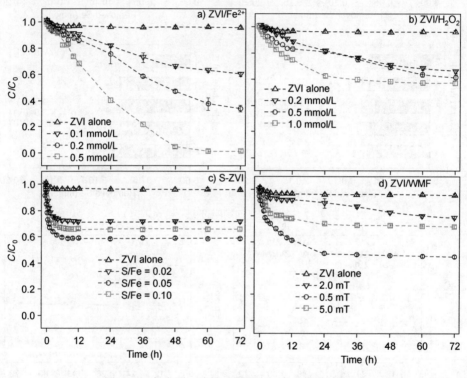

图 4-19　各小图、编号、图例未对齐（错误示范）

4.2.7　插图的色彩搭配

色彩搭配不仅仅关系到插图的美观，还会关系到数据信息的有效表达。SCI 论文的配色方案选择往往是一个耗时耗力的过程，需要反复修改。这就需要我们平时有意识地多去收集一些高质量插图的配色方案，还需要多让导师把关，多听取同门的意见，渐渐地提升自己的审美品位。提升论文插图的色彩搭配水平是一个漫长的过程，本节只提出一些基于笔者个人经验的建议。

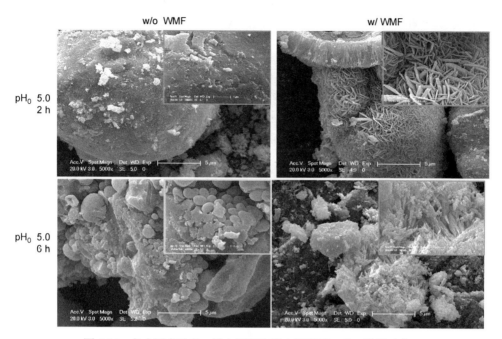

图 4-20　各小图未对齐、横向间距和纵向间距不一致（错误示范）

（1）不要太相信绘图软件的默认设置

绘图软件一般都会有默认设置，这些设置往往是最方便的格式，但是肯定不是最佳格式。关于字体和尺寸等的默认设置往往很容易更改，但是关于配色方面，很多人就会偷懒直接用颜色的默认设置。与其相信软件的默认设置，不如去专业的配色网站上找找合适的配色方案。

（2）图片颜色的搭配不宜过亮或者过暗

过亮的配色会导致图片刺眼，让人无法专注于图片信息的读取；而过暗的配色会使得图片整体显得黯淡，给人以沉重感。图 4-21 展示了插图色彩搭配的明暗对比，读者可以好好体会一下配色明暗适中的概念。

（3）相邻的图线不宜采用相近的颜色

在论文插图中，相邻的两条图线最好采用不同的图例和区别较为明显的颜色，以示区别。更加完善的方案是，相邻的图线分别采用冷色调和暖色调两种颜色，方便图线更好地区别开来，有助于数据信息的有效表达。如图 4-22 所示，底部的两条图线采用了棕色和橙色，会显得图线"黏合"在一起，区分效果不好。

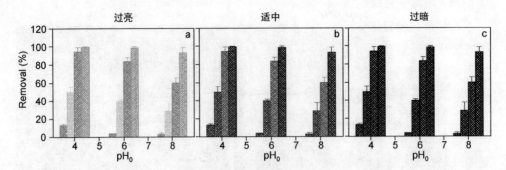

图 4-21 插图色彩搭配的明暗对比

本图彩图

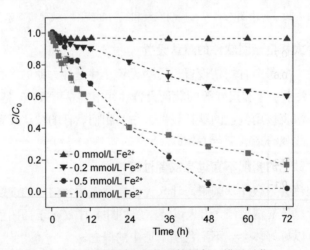

图 4-22 相邻图线采用了相近的颜色（错误示范）

本图彩图

（4）用渐变色绘制多条图线

上面我们说到相邻图线不要用相似的颜色，但是有一种情况是例外，那就是用渐变色来表示数据趋势的变化，从而达到用二维图线来表达三维信息的效果。如图 4-23 所示，当我们用了多种迥异的颜色来绘制这些图线时（图 4-23 上图），因为图线太多且颜色太多，会让图片失去重点，也让人看得头昏脑涨。而当用渐变色来表示这些图线时（图 4-23 下图），不仅整个图更加美观，而且所要表达的信息也更加清楚。因此，当图线较多且需要表达数据趋势的变化时，用渐变的色差图来表示比一股脑用多种颜色要好。

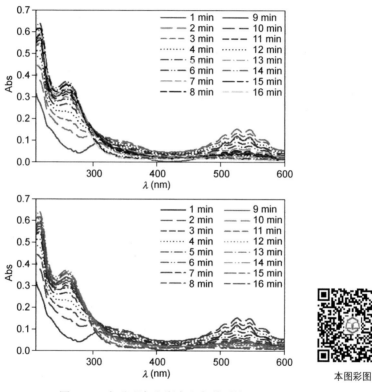

图 4-23　杂乱配色和渐变配色的对比

（5）插图中重点突出的颜色要尤其注意配色

对于论文插图中重点突出的图线颜色要特别注意，这往往决定一个图的颜值高低。好比痤疮长在腰上背上会让人不那么在意，而长在脸上就会让人着急，论文插图的主要图线和主要区域，是一个论文插图的"脸面"，对论文的整体配色方案起到定位作用，所以一定要慎重选择颜色。这也就是为什么在彩色图中要慎用黑色，因为黑色是最深和最显眼的颜色，如果在彩图的显著位置出现黑色，那么这幅图一定是不好看的，如图 4-24 中的例子。

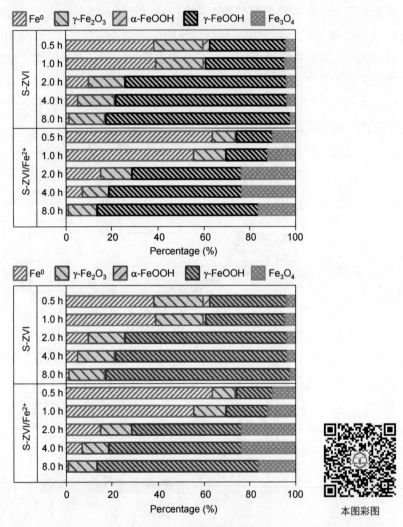

图 4-24　上图中出现大片黑色导致不美观

4.2.8　摘要图的制作

摘要图［Graphical Abstract 或 Table of Content (TOC) Art］，是以图片的形式总结性展示论文核心内容的表达方式。它不是论文稿件必须具备的组成部分，但目前多数期刊都鼓励甚至要求作者提交摘要图，以简明扼要地展示科学研究的内容与创新性。摘要图的形式多种多样，可以是代表性的数据图表、流程图、机制图甚至漫画。通常来说，选择论文中的关键信息并加以二次创作，是创作摘要图的主要方法，具体可以是：①选择论文中的重要数据，如柱状图，重新绘制以突出对比；②选择文章的亮点，如材料合成方法、化学反应的关键步骤，以活泼的形式展现；③以图案具象化文章的结论。

摘要图制作过程中需要注意：①由于大多数期刊对摘要图有尺寸要求，因此建议在开始制作之前就要限制图片的尺寸，全部完成之后再调整尺寸需要再次改动各元素的大小，如字体大小等，并且容易破坏原有的构图；②摘要图各元素应采用适宜的大小，以便读者在不缩放的情况下迅速了解文章的创新性；③摘要图应具有自明性，首先不应有过多的图例，增加读者的理解难度，将文本解释直接标注在相应的图案元素之上或者旁边是更好的表达方式，其次不要有过于细节的内容，仅需概括性表述相应的细节信息。

一张优质的摘要图需要做到以下几点：简洁，简洁明了地表现论文主旨；自明，可以独立于论文之外，让读者只看摘要图就能了解这项科学研究的核心内容；形象，可以形象生动地表现论文所要解释的科学现象和原理；美观，图形的排布和色彩安排合理，赏心悦目。下面以举例的方式来阐述如何判断摘要图的优劣。图4-25展示的摘要图，主要有以下几点不专业的地方：背景多余，采用水的图片作为背景来表示这项研究是针对水污染处理的，但是这样做影响了图片主要信息的阅读；设计简单，只是简要表示出了反应体系里各种物质之间的关系，不够形象生动，也不够吸引读者；色彩过多，选择了多种较为艳丽的色彩，容易导致视觉疲劳，也不太美观；使用缩写，BPA是什么？BA又是什么？导致摘要图的可读性降低。

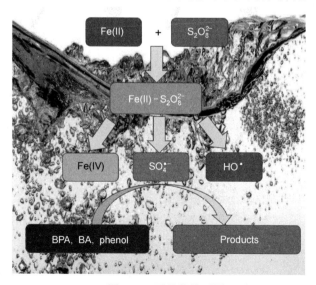

本图彩图

图4-25　不佳的摘要图

图 4-26 展示了一个比较形象的摘要图,将 Fe(II)活化 $S_2O_8^{2-}$ 产生活性氧化物种降解污染物的过程形象地比喻为火焰[Fe(II)]点燃大炮($S_2O_8^{2-}$)使发射出的炮弹(活性氧化剂)降解污染物的过程,整体采用的颜色搭配也较为合理。

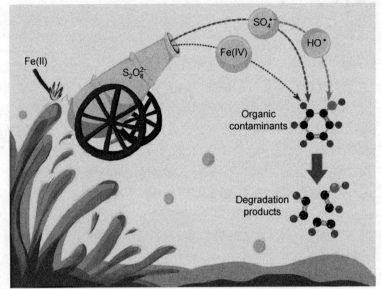

本图彩图

图 4-26 较优秀的摘要图

4.3 表格制作

统计表格是实验数据、统计结果或事物分类的一种有效表达形式,是 SCI 论文中经常使用的一种信息表达语言,是描述科技文献的重要工具和手段。在撰写 SCI 论文的过程中,通过正确使用统计表格,对获取到的资料数据进行归纳、整理、统计学处理以及比较分析,探寻数据的内在规律和关联性,有助于得出正确结论。

SCI 论文中表格的作用是简化文字、直观表达和美化版面,使用表格的原则是科学严谨、突出中心、简洁有序和完整可靠。论文中的主要实验现象和发现以文字、图、表互补的方式表达,一般来说,表格用来描述那些用文字难以表达或不能完全表达的数据内容,如对比各事项间的隶属关系或对比众多量、数值的大小等。无论放置位置如何,每个表格的内容必须足够完整,从而使其可以独立于文本而存在。以下将介绍 SCI 论文中表格的用法,并总结一些常见的问题。

4.3.1 表格的要素

目前国际上和国内编辑界多使用"三线表"或"两线表",通常只有顶线、底线和中线,顶线和底线用粗线条,中线用细线条,表身不出现竖线,省略了横分割线,对于复杂的表格必要时可以添加辅助横线。表格的组成要素包括表序、表题、表头、数据、备注,如图 4-27 所示。

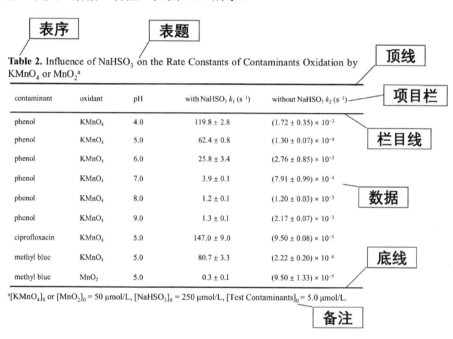

图 4-27　SCI 论文中表格的主要组成部分

表的序号是按照表格在文章中出现的顺序用阿拉伯数字的连续编号。如 Table 1、Table 2 等。表格的标题用于说明表格的主题,不可缺少。表题和论文题目一样,应简明扼要,以不超过 15 词为宜,不宜分成多个从句或句子。表题可根据不同期刊的要求第一个单词首字母大写或每一个实词的首字母都大写。例如:

Table 1. Influence of $NaHSO_3$ on the rate constants of contaminants oxidation by $KMnO_4$ or MnO_2 at pH_{ini} 5.0

Table 1. Influence of $NaHSO_3$ on the Rate Constants of Contaminants Oxidation by $KMnO_4$ or MnO_2 at pH_{ini} 5.0

表头用于说明各横行或竖行的含义，数据分组应符合专业逻辑，避免出现混淆或交叉。表内数据应填写完整，位数一致，表内不留空格，数字暂缺可用"—"表示。表格的备注一般列于表格数据以下或底线下，且在表内以标示号备注，若有多处需要说明，则以多个标示号区分，在表下依次说明。

4.3.2 表格的制作原则

在 SCI 论文中，凡用文字或插图能说明的问题，尽量不用表格。如用表格，则文中不需要重复其数据，更不要同时用表和图重复同一数据，当然对一些重要数据可以在正文中加以讨论。表格切忌将所有内容不分层次地列在一起或在同一篇文章内列有多个同类型的表格，使文章结构松散、内容冗繁。

如图 4-28 所示，Table 1 表示的是在 pH 为 5.0 和 7.0 的条件下，高锰酸钾氧化苯酚的表观反应速率常数分别为 $(1.30\pm0.07)\times10^{-4}\ s^{-1}$ 和 $(7.91\pm0.99)\times10^{-4}\ s^{-1}$。其问题在于，第一列和第二列给出的信息在表题中已给出，如果目标污染物或者氧化剂种类是实验中的变量，它可以有自己的一列，但是，如果实验都在同样的条件下完成，那么该信息可以在材料与方法或者标注中给出。表中的数据可以用读者易于理解的文字形式表述，而没有必要采用表格的形式表达。并不是所有的数据都必须放在表格中，尤其是没有统计学意义的数字。

Table 1. Rate Constants of Phenol Oxidation by KMnO$_4$ under Different pH Conditions[a]

contaminants	oxidant	pH	$k\ (s^{-1})$
phenol	KMnO$_4$	5.0	$(1.30\pm0.07)\times10^{-4}$
phenol	KMnO$_4$	7.0	$(7.91\pm0.99)\times10^{-4}$

[a] $[KMnO_4]_0 = 50\ \mu mol/L$, $[phenol]_0 = 5.0\ \mu mol/L$.

✗ 错误示范

图 4-28　不必使用表格的示范

4.3.3 表格中数据的排列原则

由于在表格中同时具有上下和左右两个方向，因此有两个选择：数据可以水平或者竖直展示。但是，为了阅读方便，在表格中应该使同类的数据放在同一列而不是同一行。

如图 4-29 和图 4-30 所示，对比 Table 2 和 Table 3，两个表格中的数据相同，但是数据中的排列方式不同：Table 2 中的数据是纵向排列，方便读者的阅读和理解且更紧凑，应是首选的格式。

Table 2. Influence of NaHSO$_3$ on the Rate Constants of Contaminants Oxidation by KMnO$_4$ or MnO$_2$[a]

contaminant	oxidant	pH	with NaHSO$_3$ k_1 (s^{-1})	without NaHSO$_3$ k_2 (s^{-1})
phenol	KMnO$_4$	4.0	119.8 ± 2.8	(1.72 ± 0.35) × 10^{-3}
phenol	KMnO$_4$	5.0	62.4 ± 0.8	(1.30 ± 0.07) × 10^{-4}
phenol	KMnO$_4$	6.0	25.8 ± 3.4	(2.76 ± 0.85) × 10^{-5}
phenol	KMnO$_4$	7.0	3.9 ± 0.1	(7.91 ± 0.99) × 10^{-4}
phenol	KMnO$_4$	8.0	1.2 ± 0.1	(1.20 ± 0.03) × 10^{-3}
phenol	KMnO$_4$	9.0	1.3 ± 0.1	(2.17 ± 0.07) × 10^{-3}
ciprofloxacin	KMnO$_4$	5.0	147.0 ± 9.0	(9.50 ± 0.08) × 10^{-5}
methyl blue	KMnO$_4$	5.0	80.7 ± 3.3	(2.22 ± 0.20) × 10^{-4}
methyl blue	MnO$_2$	5.0	0.3 ± 0.1	(9.50 ± 1.33) × 10^{-5}

[a][KMnO$_4$]$_0$ or [MnO$_2$]$_0$ = 50 μmol/L, [NaHSO$_3$]$_0$ = 250 μmol/L, [Test Contaminants]$_0$ = 5.0 μmol/L.

√ 正确示范

图 4-29　正确的表格数据排列

Table 3. Influence of NaHSO$_3$ on the Rate Constants of Contaminants Oxidation by KMnO$_4$ or MnO$_2$[a]

contaminants	phenol	phenol	phenol	phenol	phenol	phenol	ciprofloxacin	methyl blue	methyl blue
oxidant	KMnO$_4$	KMnO$_4$	KMnO$_4$	KMnO$_4$	KMnO$_4$	KMnO$_4$	KMnO$_4$	KMnO$_4$	MnO$_2$
pH	4.0	5.0	6.0	7.0	8.0	9.0	5.0	5.0	5.0
with NaHSO$_3$ k_1 (s^{-1})	119.8 ± 2.8	62.4 ± 0.8	25.8 ± 3.4	3.9 ± 0.05	1.2 ± 0.09	1.3 ± 0.08	147 ± 9	80.7 ± 3.3	0.29 ± 0.03
without NaHSO$_3$ k_2 (s^{-1})	(1.72 ± 0.35) × 10^{-3}	(1.30 ± 0.07) × 10^{-4}	(2.76 ± 0.85) × 10^{-5}	(7.91 ± 0.99) × 10^{-4}	(1.20 ± 0.03) × 10^{-3}	(2.17 ± 0.07) × 10^{-3}	(9.50 ± 0.08) × 10^{-5}	(2.22 ± 0.20) × 10^{-4}	(9.50 ± 1.33) × 10^{-5}

[a][KMnO$_4$]$_0$ or [MnO$_2$]$_0$ = 50 μmol/L, [NaHSO$_3$]$_0$ = 250 μmol/L, [Test Contaminants]$_0$ = 5.0 μmol/L.

× 错误示范

图 4-30　不规范的表格数据排列

4.3.4　表格中的对齐方式

通常，表格中同列的文字左对齐排列，同列的数字没有固定要求，右对齐排列或者是小数点对齐排列在不同的期刊论文中皆可见到，如图 4-31 所示，Table 4 为一个例子。

4.3.5　表格中辅助线的使用

表格中的辅助横线可用于帮助解释论文数据中的关系，如果论文中数据比较复杂，可以按照需要进行分层并添加辅助横线，按照数据之间的隶属关系分组处理，如图 4-32 所示。

Table 4. Rate Parameters for Reaction between Phenols and Permanganate Calculated from Eq 7 and Structural Parameters of Phenols[a]

phenol	k_1	k_2	a^b	$\sum \sigma_{o,m,p}{}^c$	$pK_a{}^d$
phenol	1.49	8052.30	8.97×10^{-9}	0	9.99
2-CP	4.66	1020.59	2.00×10^{-8}	0.27	8.55
3-CP	0.20	385.25	1.34×10^{-8}	0.37	9.10
4-CP	2.55	2143.07	1.24×10^{-8}	0.27	9.43
2,3-DCP	1.12	47.33	7.21×10^{-9}	0.64	7.44
2,4-DCP	6.13	149.81	1.76×10^{-8}	0.54	7.85
2,6-DCP	19.42	78.10	2.67×10^{-8}	0.54	6.78
3,4-DCP	0.90	88.00	2.49×10^{-8}	0.64	8.63
TCP	20.60	27.96	1.02×10^{-7}	0.81	5.99
PCP	40.34	0.0893	28.88	1.55	4.76
phenol[e]	0.49	8397.60	1.05×10^{-8}	0	9.99
2,4-DCP[e]	3.64	167.07	2.50×10^{-8}	0.54	7.85
TCS[e]	27.73	1176.10	5.23×10^{-9}	0.27	8.10

[a]Units of k_1 (rate of undissociated phenols) and k_2 (rate of dissociated phenols) are mol/(L·s). [b]Values of k_3/k_4. [c]Values from ref 42 and using values of σ_p also for ortho substituents. [d]Values at 25 °C from ref 43. [e]Data from ref 24.

图 4-31　表格中数字和文字的对齐方式

Table 5. Peak positions of the XPS Fe 2p1/2, Fe 2p3/2, and O 1s spectra for the corrosion products of ZVI systems.

Iron (oxyhydr) oxides	Peak position (eV)		
	Fe $2p_{1/2}$	Fe $2p_{3/2}$	O 1s
Fe^0	–	707.00 ± 0.50	–
Fe_3C	–	708.20 ± 0.50	–
FeO	723.91	709.50 ± 0.20, 710.56	530.00 ± 0.20
$Fe_{0.94}O$	723.17	709.53	
$Fe_{1.1}O$	–	709.50	529.90
Fe^{2+} obtained from Fe_3O_4	–	708.30 ± 0.15	530.20 ± 0.20
Fe^{2+} obtained from Fe_2SiO_4	722.60	709.00	–

图 4-32　表格中辅助线的使用

4.3.6　表格中指数的使用

需要注意的是，尽量避免在表格中使用指数，因为一些期刊采用正指数，但也有一些期刊采用负指数来描述同一个事物，可能会引起混乱，如"$k \times 10^3$ s"可能表达的是 k 的 10^3 倍的单位是 s，也可能表达的是 k 的单位是 10^3 s，严谨起见，后者应表达为"k（$\times 10^3$ s）"，或在备注中用文字注明指数的含义，以消除歧义。

4.3.7　特殊表格的处理

一个表格应尽量保持形体完整，将每个表格控制在单个页面，使读者一目了然，没有特殊需要，尽量不要分割开来。但在表格信息量比较大、内容无法压缩时或在特定情况下，可以使用续表、卧排表等手段对表格进行处理。

续表是指如果一个表格宽度适中，但是长度超过一张页面时，可以使用续表的形式排版。方法是在该页适当的行线处断开，以细线封底，在次页上重排表头，以便于阅读，并在表头上加注续表字样，表序和表题则可以省略。

第 5 章　SCI 论文的写作

用学术语言发表自己的研究成果是科研工作者必不可少的技能,对于新手来说,得到数据图表后常常不知如何下笔写成一篇 SCI 论文。本章将以研究型 SCI 论文为例,在简单总结笔者写作经验的基础上,系统阐述 SCI 论文的标题、作者、摘要、关键词、引言、材料与方法、结果与讨论、结论、致谢、参考文献各个板块的作用、写作方法与写作技巧,使读者初步了解各部分的功能,从而在实际撰写过程时能做到胸有成竹。本章还整理了一些论文写作时的常用表达,希望帮助初学者尽快掌握学术论文的写作技巧。

5.1　SCI 论文写作前的准备工作

哈佛大学的 George M. Whitesides 教授曾说过 "'Interesting and unpublished' is equivalent to 'non-existent'"。由此可以看出论文在科研工作中的地位。但论文并不只有记录数据的作用,写作论文的过程还对正在进行的研究有指导作用。从实验设计开始,就应该有相应的研究计划,也就是研究提纲。在整个研究过程中一定要及时更新研究计划/提纲。不要做了很多实验却不进行思路的整理,也不要等数据收集完成后才开始整理数据,最终发现做了无用功或者需要补实验。在实验过程中及时对数据进行分析、总结并根据结果对实验进行重新规划将大大提高做研究和写论文的效率。除了研究过程中的提纲之外,论文作者,尤其是对于论文写作的初学者,应在写作论文之前先列提纲。论文提纲是在完成了实验数据的收集和分析之后,列出的论文的主要内容。完成提纲后再写作论文,可以帮助作者理清思路,组织语言,行文会更为容易和流畅。

论文的提纲不需要太详细,所以一般没有太多文本内容。提纲可以是中文,也可以是英文。但有很多初学者习惯列出详细的中文提纲,然后逐句翻译,本书不建议作者采用这样的写作方式,原因是中文与英文的表达习惯不同,中文中词语、句子间的相互关系与英文有差异,翻译中文的方式反而徒费精力。因此比较提倡的方式是，列出简要的提纲，在写作时直接用英文表达。

提纲没有固定的格式，写作方式主要取决于作者的习惯，但是仍然有一些通用的内容：

① 标题，宜直接用英文写作。

② 引言，通常包括三部分内容：其一是研究背景，总结某一领域现有的研究成果与相应的结论；其二是本研究的立足点，即前人的研究结果有何不足之处，为何要进行本研究；其三是研究方法、目标，概述本研究采用的研究方法、亮点、要达成的目的。

③ 实验（方法）部分，简要列出研究的实验、方法。

④ 结果与讨论，列出各小节的标题，可将之前整理好的图表放在对应的标题下，也可在标题下列出一些备忘内容。

⑤ 结论部分，文章内容的总结、分析及后续研究方向的简要概括。

在完成论文的提纲和数据图表之后，建议你在课题组会上把自己的论文思路从头到尾给老师和同学讲一遍，不论他们能否提出有益的建议，对你来讲都是一个理清思路的过程。经常遇到的情况就是你自己在讲的过程中，不仅会发现自己原先的思路有"卡壳"的地方，而且常常会发现自己准备的图表中的一些低级错误。如果老师和同学能给你加以指导，帮助你走出"当局者迷"的困境，对你后续的论文写作将非常有利。如果你所在的课题组没有组会，你可以单独跟老师讨论几次或找你的师兄师姐请他们听你讲一次，从而帮助你理清论文的思路。一篇高质量 SCI 论文一定是逻辑清晰且上下文之间层层递进，让人有一口气读完的冲动。

SCI 论文撰写不易，论文各部分的行文习惯、专业词汇的合理使用、中英文的表达差异更使 SCI 论文的撰写过程困难重重，所以，大家应首先认识到，练就熟练撰写 SCI 论文的能力是一个长期积累、反复打磨、耗时耗力的痛苦历程。其次，大家在理清论文思路之后、动笔撰写 SCI 论文之前，应大量查阅与其研究课题密切相关的已发表的 SCI 论文，应该把相关的文献熟读五到十遍，仔细研读其中的专业词汇、表达方式，等到对这些文献了然于胸了，再开始动笔写，就能做到"熟读唐诗三百首，不会作诗也会吟"了。需要提醒大家的是，尽量多参考母语是英语的作者写的相关论文、发表在行业主流期刊上的论文以及国内某些知名课题组的论文。在撰写 SCI 论文过程中切忌生搬硬套或发挥"自我创造力"，导致写出只有自己才能读懂的 SCI 论文。接下来我们逐一介绍 SCI 论文各个板块的作用、写作方法与写作技巧。

5.2 标题

标题通常是由名词性短语构成,基本上由一个或若干个名词加上前置或后置定语构成,在标题中出现的词一般有名词、动词、形容词、介词、冠词和连接词,个别情况下会出现代词,其中动词多以分词或动名词形式出现。

5.2.1 标题的作用

SCI 论文的标题是对论文核心内容的高度概括和提炼,一个出色的标题能够起到画龙点睛的作用,使论文的中心思想更加清晰明了。此外,标题是一篇论文的总纲,读者可以通过浏览标题粗略地判断是否继续阅读摘要或全文。与此同时,标题是被检索工具和数据库收录的重要项目,是读者进行文献检索的重要依据。因此,一个出色的标题既可以提升论文的质量,也可以吸引更多的读者。

5.2.2 拟定标题的基本要求

(1)准确性

标题应该能准确地抓住论文的核心内容和创新点,恰如其分地反映研究的深度和广度。标题中出现过于笼统或泛指性很强的词语,会使研究内容显得空泛而没有特点,出现一些华而不实的辞藻反而会使 SCI 研究论文失去科学性和严谨性。

例 1 和例 2 是对同一篇论文拟定的两个不同的标题,通过比较进一步说明拟定标题时如何避免过于笼统和宽泛。

例 1:Studies on the Mechanism of Bromate Reduction by Sulfite

例 1 的标题可以译为:"亚硫酸盐还原溴酸盐的机理研究",通过题目可以看出这是一篇偏向机理的研究型 SCI 论文,但在标题中并未提及具体的机理,该标题缺乏研究的核心内容和创新点,过于笼统宽泛。

例 2:Overlooked Role of Sulfur-Centered Radicals During Bromate Reduction by Sulfite

例 2 的标题可以译为:"亚硫酸盐还原溴酸盐的过程中被忽略的硫自由基的作用",通过进一步阐述研究机理,强调"被忽略的硫自由基的作用",使读者可以了解到这是一篇关于硫自由基机理的论文,该标题抓住了论文的核心内容,研究内容使读者一目了然。

(2)正确性

标题位于整篇论文之首,是编辑、审稿人和读者最先浏览的内容,如果拟定题目时出现一些语法上的错误，将直接影响读者对整篇论文质量的评价，给编辑和审稿人留下不好的印象，严重的话还有可能因此直接被拒稿。因此，在准确反映论文核心内容的情况下，要确保标题语法结构的正确性，包括语态、时态、单复数、首字母大小写等，同时也要避免产生歧义，使标题流畅通顺、清晰易懂。

（3）简洁性

SCI 研究论文的标题不能过长，作者在选择要投稿的期刊后，需要仔细阅读作者指南（Author Guidelines），有些期刊会在这里明确规定标题的字数或者行数要求，这些要求在投稿时一定要严格遵守，不能有半点差错。有的期刊可能对标题的长度没有明确要求，但是秉着"简洁性"的原则，在能够表达论文主要内容的前提下标题的字数要尽可能的少，标题的字数一般以不超过 20 字为最佳，行数不超过 3 行。

5.2.3 拟定标题的技巧

（1）灵活运用"主标题+副标题"形式

当一篇论文的标题过长，无法继续精简时，可以通过拆分标题，采用"主标题+副标题"的形式拟定标题，将主要研究内容作为主标题，其他对主标题进行补充和说明的部分定为副标题，二者之间使用冒号连接，格式为"主标题：副标题"。

例：Insights into the Oxidation of Organic Co-Contaminants During Cr(VI) Reduction by Sulfite: The Overlooked Significance of Cr(V)

这里主标题为"Insights into the Oxidation of Organic Co-Contaminants During Cr(VI) Reduction by Sulfite"，是论文的主要研究内容，"The Overlooked Significance of Cr(V)"强调了论文的核心内容和创新点，对主要研究内容做了进一步补充和解释。

（2）适当使用合成词

为论文拟定标题时，适当使用合成词可以更加简洁、清楚地表达研究内容，增强论文标题的可读性。

论文标题中常见的合成词：

名词+过去分词：Electron-Induced、Sulfite-Mediated、Silver-Catalyzed

名词+现在分词：Nitrogen-Containing

名词+名词：Corc-Shell、Electron-Proton

形容词+名词：High-Density、Near-Infrared

缩写词+形容词：UV-Visible、pH-Responsive

前缀词+名词： Co-Contaminants

（3）准确使用介词

重复使用同一个介词可能会导致标题逻辑结构混乱，即使读者可能明白作者想要表达的主题，但是混乱的逻辑结构会给读者带来不好的阅读体验。因此，标题中应该采用不同的介词连接动词（动词通常以分词或动名词形式出现）和名词。

5.3 作者

5.3.1 作者署名的作用

① 作者声明拥有著作权。作者在论文中署名，即表示对该学术成果拥有著作权，未经著作权人授权，其他任何人都不得占有、控制和修改该论文。

② 作者承诺文责自负。所谓文责自负，就是论文一经发表，署名者就应对论文负有学术上、道义上、政治上和法律上的责任。如果论文存在作假、剽窃、抄袭的内容，或者在科学、技术和政治方面存在错误，那么署名者就应完全负责。

③ 便于读者与作者联系。读者阅读论文后，如果有疑问可以通过作者署名的相关信息与作者进行联系。

5.3.2 作者署名的基本要求

（1）作者署名的条件

作者署名应该本着实事求是的原则，根据实际参与研究工作的情况进行署名。在论文中对作者进行署名应该符合以下几个条件：

① 参与课题研究。参与研究课题的选定和研究方案的制订，参加了全部或主要研究工作并做出了主要贡献。

② 参与论文撰写。参与论文的撰写或参加过文稿的修改和讨论。

③ 认可论文。必须阅读过论文的全文，并同意其发表。

④ 同意文责自负。同意承担论文的相应责任，愿意为论文负责。

需要强调的是，有些参与部分工作的人员或单位对本论文的完成起到了不可或缺的作用，但是其支持性的工作还不足以被列为作者，通常可以在"致谢"部分对其进行感谢。

（2）作者署名的顺序

SCI 论文的工作通常是由多位研究工作者共同完成的工作，那么在论文的署名过程中就涉及了排序的问题。署名的先后顺序体现了研究工作的实际贡献，因此，作者署名的顺序应该按照对研究的贡献大小排序。

第一作者（first author）是该论文的主要贡献者和直接责任者。如果两个以上的作者在贡献上难分伯仲，可以采取"共同第一作者"（"co-first author"）的署名方式。通讯作者（corresponding author）是论文的通讯联系人和主要责任人，第一作者之外的重要作者，读者在阅读论文后，如果对论文的内容有任何疑问，可以联系通讯作者进行咨询。在一些跨领域的合作研究中，也会有"共同通讯作者"（"co-corresponding author"）。有些期刊为了避免"共同作者"的署名被不正当使用而禁止共同作者或者要求做出额外的说明解释，作者应该详细阅读 Author Guidelines 了解相关的规定。

（3）作者署名的拼写规则

中国作者向国外期刊投稿时，需要将自己的中文名通过汉语拼音进行音译，通常姓和名的首字母需要大写，同时为了和国外作者保持一致，一般采用"名在前，姓在后"的书写方式，拼写全称。

5.3.3 作者地址的标署

作者的工作单位和通讯地址是一篇论文在标署作者时的必备要求。注明作者的工作单位和通讯地址充分体现了论文的严谨性和责任性，这也是 SCI 论文与一般文学作品的重要差异。

根据投稿期刊的要求，论文中作者地址的标署一般包括作者的工作单位、通讯地址、邮编、国籍等信息，如果是通讯作者，还需要在"作者信息"部分注明联系电话、邮箱、传真号码等。需要注意的是，在标署作者地址时，需要在作者名字的右上角用特殊符号标注，如果有多个作者来自同一单位，标注的符号需要一致，通讯作者的名字后面通常用星号"*"标记。

5.4 摘要

5.4.1 摘要的作用

SCI 论文中摘要的重要性仅次于标题，绝大多数读者阅读完标题以后，会先阅读论文的摘要，当摘要部分引起读者兴趣的时候，读者才会选择进一步阅读其他部分。此外，摘要也可以被检索工具和数据库收录，并且在大多数据库中摘要是可以免费浏览的。因此，一个优秀的摘要可以提高论文的受关注度和影响力。

5.4.2 撰写摘要的基本要求

SCI 论文的摘要以"短小精练"为特点，字数通常在 150~350 字之间（具体字数以各期刊规定为准）。论文的摘要实际上是一篇论文的浓缩，虽然摘要所占的篇幅很少，但却"麻雀虽小，五脏俱全"，纵观各类期刊，英文摘要的内容需要包括五大部分的内容，即背景信息、研究目的、研究方法、实验结果、结论或进一步的建议。

在撰写 SCI 论文的摘要时最常见的是使用第三人称和被动语态，但为简洁、清楚地表达研究成果，在论文摘要的撰写中不应刻意回避第一人称和主动语态，近些年来，越来越多的科研工作者开始使用第一人称和主动语态。在论文撰写时应认真查看投稿期刊有关人称和语态的使用习惯，可以适当使用第一人称和主动语态。例如下面两种表达均符合语法要求，第二种表述显得更为直接和简洁。

第三人称、被动语态：The effect of inorganic anions on organic contaminant decomposition **was investigated**.

第一人称、主动语态：**We investigated** the effect of inorganic anions on organic contaminant decomposition.

5.4.3 撰写摘要的主要步骤

摘要的写作要在论文完成后进行，如果先行写作摘要，作者尤其是论文写作的初学者，很难对文章的内容有总体把握，不能概括全文的内容，反而最终需要根据定稿后的文章内容反复修改，平白浪费时间。写作摘要时，首先可以从引言（Introduction）部分筛选出研究目的，再从引言或者材料与方法部分（Materials and Methods）找出关键的描述研究方法的句子，通常为 1~2 句，然后从结果与讨论（Results and Discussion）和结论（Conclusions）找到重要的结果和结论。最后对摘要的内容和表达进行修改，将各不同部分的语句从逻辑和形式上连接起来，如加入一些连接词等，使摘要内容的表达完整，并且符合期刊的具体要求（如字数和类型）。摘要是对文章内容的总结，但独立于文章出现，往往有单独的字数要求，因此摘要不能包含文章里未提及的信息、对其他文献的参考和引用、细节性的实验信息，当缩略语首次出现时，无论文章中是否定义，都要在摘要中单独定义。

5.4.4　摘要中常用的英文表达

下面为大家总结了一些在摘要中常用的英文表达：

回顾研究背景，常用的词汇有：review、summarize、present、outline、describe 等。

阐明指导或研究目的，常用的词汇有：purpose、attempt、aim 等。

介绍论文的重点内容或研究范围，常用的词汇有：study、present、include、focus、emphasize、emphasis、attention 等。

介绍研究或试验过程，常用的词汇有：test、study、investigate、examine、experiment、discuss、consider、analyze、analysis 等。

说明研究或试验方法，常用的词汇有：measure、estimate、calculate 等。

展示研究成果，常用的词汇有：show、result、present 等。

介绍结论，常用的词汇有：summary、introduce、conclude 等。

陈述论文的论点和作者的观点，常用的词汇有：suggest、report、present、explain、expect、describe 等。

阐明论证，常用的词汇有：support、provide、indicate、identify、find、demonstrate、confirm、clarify 等。

推荐和建议，常用的词汇有：suggest、suggestion、recommend、recommendation、propose、necessity、necessary、expect 等。

5.5　关键词

5.5.1　关键词的作用

有些期刊要求投稿的论文中罗列出关键词，关键词主要有以下两个作用：①提示全文关键内容，关键词可直观地显示论文的中心内容和核心思想；②便于检索，SCI 论文都会被检索工具和数据库收录，关键词检索是检索论文的重要方式之一。

5.5.2　选择关键词的基本要求

① 数量上的要求。关键词的数量不宜过多，根据投稿期刊的个数要求选择关键词即可，如果投稿期刊未做要求，一般选取 3~8 个关键词较为合适，各关键词用分号";"隔开，最后一个关键词后不加标点符号。

② 内容上的要求。关键词的选取要能反映论文的核心内容和主要特征,通常是一些专指性较强、具有特定检索意义的单词或短语。而且为了增加论文被检索到的概率,已经在标题中出现的词语不宜作为关键词。

5.5.3 选择关键词的常见错误

对于 SCI 论文写作的初学者来说,从论文中选取关键词时更应该慎重,值得注意的是,下列几种类型的词语通常不能作为论文的关键词:

① 化学分子式。例:化学分子式"$NaHSO_3$"不适合作为关键词使用,但其对应的英文单词"bisulfite"可以作为关键词,两者表达的意思是相近的。因此,如果选择某种化学物质作为关键词时,可以使用该化学物质的英文名称作为关键词,而不是使用分子式的形式。

② 未被普遍采用、未被专业公认的缩写词。一些缩写词是作者自行定义和规定的,广大读者在未读全文之前,并不清楚该缩写词具体指代什么,因此如果选择这类缩写词作为关键词,会给读者造成困惑,并降低论文的检索率。

③ 不够专一的或太过宽泛的词语。例:有机化合物(organic compounds)、实验动物(experimental animals)、细胞研究(cell research)等短语,这些短语的范围太过宽泛,应该明确指出具体指代哪种物质、动物或细胞株。

④ 无检索价值的词语。例:技术(technology)、应用(application)、观察(observation)、调查(research/investigation)、探讨(discussion)等词,这些词语过于常见和普通,因此缺乏专指性,没有检索的价值,这类名词一般不被选为关键词。

5.6 引言

5.6.1 引言的作用及内容

(1) 引言的作用

论文的 Introduction 即引言(或绪论)位于正文的开头,起到引出正文的作用。引言的目的是向读者阐明本文的研究背景和研究问题、本研究的原创性和重要性以及简要概括本文将如何解决这些问题。在引言中,一定要找到让编辑"accept"这篇论文的理由。引言是 SCI 论文中至关重要的一个部分，它就如同一场面试中的自我介绍，会让面试官对你形成一个预判，它的好坏很大程度上决定了编辑和审稿人对论文的重视程度和审稿意见。一般来说，在经过前期的文献调研、实验、后期的数据整理之后，论文作者是对自己所做课题最熟悉的人，课题的整体思路应该是清晰流畅的，整个研究逻辑都会在引言中体现出来。

（2）引言的内容

引言一般要包括下面三个部分的内容：

① 文献的总结回顾。这一点要特别着重笔墨来描写。一方面要把该领域内过去和现在的状况全面地概括总结出来，不能有丝毫的遗漏，特别是最新的进展和过去经典文献的引用。另一方面，文献的引用和数据的提供一定要准确，片面地摘录部分结果而不反映文献的总体结果是千万不行的。引用的数据也要正确，特别是间接引用的数据（即不是从原文献中查到的数据，而是从别人的文献中发现的另外一篇文献的数据）。数据出错会导致文章大大失分。此外，引用文献的时候注意防止造成抄袭的印象，即不要原文抄录，要用自己的话来进行总结描述。

② 分析过去研究的局限性并且阐明自己研究的创新点。这是整个引言的高潮所在，所以更是要慎之又慎。阐述局限性的时候，需要注意的问题是要客观公正评价别人的工作，不要把抬高自己研究的价值建立在贬低别人的工作之上，在 SCI 论文的写作中，这是万万要不得的，一定要遵循实事求是的原则来分析。在阐述自己的创新点时，要紧紧围绕过去研究的缺陷性来描述，完整而清晰地描述自己的解决思路。需要注意的是，文章的摊子不要铺得太大，要抓住一点进行深入的阐述。只要能够很好地解决一个问题，就是一篇很好的文章了。创新性描述的问题越多越大，越容易被审稿人抓住把柄，深入系统地解决一到两个问题就相当不错。

③ 总结性地描述论文的研究内容。应强调本文的研究意义，如何填补已有知识体系的空白以及提升读者对某个问题的认识，简要归纳本研究的计划和方法，使读者明白论文主体包括哪些内容，可以分为一、二、三、四等几个方面来描述，为引言做最后的收尾工作。

5.6.2 撰写引言的基本原则

英语并非我们的母语，但英语是我们表达思想的工具，我们只要用合乎英语表达规范的语言，恰当地表达研究内容即可。SCI 论文的写作不要求文学性，而要求开门见山，言简意赅，语言流畅，重点突出。具体来说，引言的写作要注意以下几个方面：

① 引言字数要求。如果所投期刊对引言长度有明确规定，则引言的字数一定要满足期刊的要求。如果期刊无明确规定，英文 SCI 论文的引言字数一般占全文（包括参考文献）的十分之一左右。引言不宜过长，要快速进入主题，不然读者可能会失去阅读的兴趣。

② 紧扣写作目的。按照引言的写作目标逐步展开，避免对摘要和结论的重复。引言的写作目标与摘要或结论都不同，主要作用是解释本研究拟针对什么问题展开以及为什么要研究它。

③ 引用文献要求。总结前人的工作时，应该筛选并引用与研究问题最相关的、最经典的参考文献，厘清哪些问题已经被前人研究过并总结相关的结论。在论文发表之后，读者如果想深入地了解该课题，可以根据作者提供的参考文献顺藤摸瓜，继续阅读相关文献。尽量避免过多地、不恰当地引用本课题组的论文，避免引用大量相关性低或者没有说服力的参考文献。需要指出的是，如果不引用与本文相关的参考文献，审稿人可能会认为作者阅读文献不够全面或是对问题的认识不够深刻，或为了突出课题的创新性而故意回避重要参考文献。

④ 突出研究意义。引言需要指出尚未解决的问题以引出本研究的意义，应该向审稿人阐明本文与前人的研究相比在哪些问题和研究手段上进行了创新。但是，在叙述前人研究工作的不足以突出本研究的创新性时，应该慎重而且留有余地。

5.6.3 引言中常用的英文表达

在 SCI 论文中，尤其是同一自然段内应该尽量避免用词重复（专业术语除外），以免显得写作者词汇匮乏，使读者读来枯燥乏味。表达相同的意思，可以用不同的词语代替。

下面为大家总结了一些在引言中常用的英文表达：

表达研究的重要性：the most widely investigated/studied, increasingly important/significant, of growing interest, received increased attention, an important concept, play a key/vital/essential/major/crucial/fundamental role 等。

表达研究的时效性：in recent years, recently, in the past decades, during the last decade, recent trends, traditionally, the findings of ... in 2019, so far, up to now, to date 等。

表达现有研究的不足：limitation, concern, may cause, suffer from, problem 等。

表达引用文献的结果：It has been found/reported/shown/demonstrated/suggested/manifested/proposed/indicated that 等。

表达研究中的争论：debate, controversy, issue, discrepancy, division, challenge, conflicting interpretations, there has been little agreement on 等。

表达某问题仍需进一步研究：little research/information, few studies have examined/explored/tested/quantified/evaluated, open to doubt/discussion, remain largely unexamined/understudied/unclear/unknown, a knowledge gap in the field of, need further investigation 等。

表达本文的计划：this study/paper plans to investigate/examine/assess/analyze, the objective/purpose/aim of this study, the study seeks to/sets out to 等。

表达研究的意义：contribute to/offer insights to/advance the understanding of/fill a gap in 等。

在 SCI 论文中还经常用到各种关系连接词：

转折：however, though, even if, while 等。

递进：besides, moreover, furthermore, in addition, what's more, more importantly 等。

原因：as, due to, since, because (of), owing to 等。

结果：as a result/consequence, lead to, result in, result from, stem from 等。

解释说明：that is (to say), in other words, such as, for example/instance 等。

总结：in general/brief/conclusion, generally, above all, to sum up 等。

下面我们来看一篇题目为 "Effects of Sulfidation and Nitrate on the Reduction of *N*-Nitrosodimethylamine by Zerovalent Iron" 的 SCI 研究论文的引言部分，除了撰写思路以外，大家还可以关注一下里面一些常用的英文表达。

① **The widespread use of** zerovalent iron (ZVI) for water treatment has motivated research on many aspects of this process, and much of this research **has been reviewed multiple times. Recent research on this topic has focused less on kinetics and products of contaminant removal and more on** the efficiency of the treatment process, which controls its long-term performance (and sustainability). The long-term performance of ZVI is limited by the consumption of ZVI over time (i.e., capacity) and the obstruction of reactive surface area of ZVI due to accumulation of less-reactive corrosion products (i.e., passivation).

......

引言首先介绍了课题的研究背景，层层深入，硫化是最近比较受关注的强化零价铁去除水中污染物的技术，它能抑制零价铁与水反应产生氢气的副反应，可以提升零价铁传递给污染物的电子占其供出电子总量的比例，即提升零价铁的电子效率。

② **So far, however, the reported data on** benefits of sulfidation are mostly for chlorinated solvents (e.g., TCE) and a few heavy metals and metal oxyanions (e.g., chromate, selenate). **Only one recent study has addressed** the effect of sulfidation on reduction of nitrate, and **this study is the first to** describe the effects of sulfidation on N-nitrosodimethylamine (NDMA). **Another limitation of prior work** on the advantages of sulfidated ZVI (S-ZVI) for remediation is that it has focused on Type II selectivity between reduction of contaminants and water and has not addressed the selectivity between competing reactions of contaminant and co-contaminants with S-ZVI (i.e., **most studies have been conducted** under conditions where HER was the only side-reaction). ... **In this study,** the inhibitory effect of nitrate on target contamination reduction is quantified as a Type II efficiency from competition between multiple contaminants (oxidants) for ZVI. This efficiency might be strongly influenced by sulfidation—just as sulfidation strongly influences the Type II efficiency by suppressing HER—and exploring this hypothesis was a major goal of this study.

接上一部分介绍完研究背景和现状后，作者继续指出已有研究的不足，在相关的研究中，很少有研究关注水中氧化性共存物质对零价铁电子的竞争作用，进而引入本文的研究重点，硫化对地下水中常见的硝酸根影响的屏蔽作用。

③ **To investigate the effect of** sulfidation on Type II efficiency between competing contaminants, we considered various combinations and eventually selected nitrate and NDMA. **This selection was based partly on practical considerations** (similar rates of reduction by ZVI, readily quantified reduction products, etc.) and partly made for consistency in the type of reduction pathway (N-deoxygenation).

接着作者论述了选用 NDMA 作为目标污染物的原因和意义，因此本研究选择 NDMA 作为目标污染物，硝酸根作为共存物质，考察硫化对零价铁体系的作用规律。

④ **This study characterized the effect of** sulfidation on the selectivity of contaminant reduction by ZVI using NDMA to UDMH and DMA as the primary, target reaction; nitrate to ammonia as the secondary, co-contaminant reaction; and water to H_2 (HER) as the major background reaction. **This system allowed quantification of** the efficiency of each reaction, under various combinations of operational factors (e.g., contaminant concentration), **which produced a novel data set for probing the mechanism of** several high-level effects on the reactivity of ZVI. **Of particular interest is** the nearly complete elimination of the inhibitory effect of nitrate on the reduction of NDMA upon sulfidation of ZVI. **This combination of effects has significant practical implications** for the field scale application of ZVI in water treatment because ZVI-based treatments generally are considered to be contra-indicated if significant nitrate is present.

最后，作者介绍了本文的研究计划并强调了本文的研究意义，在厌氧条件下使用了硫化这一方法，改变了零价铁还原反应的取向，通过对体系中各反应动力学的深入分析以及表征结果，研究了硫化对地下水中常见的硝酸根影响的屏蔽作用，有助于进一步了解硫化零价铁的技术特性和内在机制，为这一技术的实际应用提供技术和理论基础。

以上论文的引言就是包含了背景介绍、问题详述、研究计划和预期成果这几个板块的内容。

5.7 材料与方法

在不同类型的英文期刊中，材料与方法部分的命名有所不同，可能是"Materials and Methods""Experimental Section""Methodology"或"Patients and Methods"，这部分相对好写一些，在内容上完整、清楚、准确即可。材料与方法部分包括实验的材料和来源、实验的设计和观测的方法、数据的处理方法等，目的是向读者提供足够的关于本研究实验方法的信息以验证研究结果的可靠性，以及使同行业研究人员能够进行重复实验。需要注意的是，不要大段抄袭之前发表的论文里的材料与方法的内容，即使内容比较接近，可以接受的方式是用自己的语言重新组织相应的内容。

5.7.1 材料与方法的基本内容

一般先列明实验中用到的材料或仪器设备等,一般包括以下方面:

① 实验所用的化学试剂。在实验中用到的试剂要写明其种类、纯度(GR、AR 或百分含量等)、来源和处理方法等,尤其是可能会影响实验结果的实验药品,药品或试剂的特殊保存方法也要指明。

② 实验所用的仪器设备。在实验中用到的仪器设备要写明其规格、型号和生产商等,尤其是可能会影响实验结果的实验仪器。

③ 实验动物。研究调查的对象为动物时,首先要满足相关法律要求。其次要写明研究对象的来源、等级、饲养方式等条件。

④ 实验环境条件。一般来说,需要指明实验过程中的温度等可能会影响实验结果的重要参数,其他的参数还有 pH、空气/厌氧条件、光照等。

有了实验材料就像厨师有了原料,正如配方和制作工艺决定了一道菜品的成败,实验的设计决定了实验结果/结论的可靠性。在实验方法中必须清晰地描述论文中用到的主要的实验方法、操作、分析检测方法和数据处理方法。如果是已经公开发表的检测分析方法,可以进行简单的概述并引用原始的文献。如果对检测方法有所修改,必须详细列出修改的步骤并验证该方法的准确性。要明确各个参数的计量单位。如果在数据处理中用到特殊的软件,也要指明数据处理软件的版本,因为使用不同版本的软件处理数据得到的结果可能不完全相同。

需要注意的是,SCI 论文篇幅一般有所限制,常用的试剂以及行业公认的测试方法不要进行过度的描述,材料与方法写作过程中也要主次分明。

5.7.2 材料与方法中常用的英文表达

下面给大家总结了材料与方法中的一些常用的英文表达:

介绍实验材料来源:bought from/purchased from/obtained from/provided by …

介绍实验方法:… method was employed to investigate/assess/test/identify/quantify/measure/determine …

介绍实验操作的词汇:

合成	synthesize	蒸馏	distill	搅拌	stir
表征	characterize	稀释	dilute	混合	mix
转移	transfer	冷却	cool down	注射	inject
丢弃	discard	沉淀	precipitate	投加	add

吸出	aspirate	洗涤	wash	干燥	dry
通风	ventilate	过滤	filter	灭菌	sterilize
研磨	grind	取样	collect	淬灭	quench

表达进行了某项实验：carry out，run，conduct，perform 等。

实验步骤中的时间词：the first step was to，prior to，once，after，following，then，subsequently，when，finally 等。

介绍所用实验仪器：using/with + instrument，例如 Data were collected using/with an ultra-performance liquid chromatography 等。

介绍数据处理的方法：

The data were normalized using...

All kinetic experiments were carried out in duplicate/triplicate, and the average values with standard errors are reported.

修饰动作的副词：carefully，gradually，gently，quickly，accurately，manually 等。

5.8 结果与讨论

结果与讨论（Results and Discussion）是整篇论文的核心，也是篇幅占比最大的部分。结果部分包括在实验中得到的观测结果和经过加工整理的图表，讨论部分包括计算和推导过程、形成的观点和得到的结论等。一般结果与讨论部分是密不可分的，在一篇论文中我们不会把所有实验结果列举完再依次进行讨论，而是将结果与讨论结合起来，综合报告实验观测的结果以及解释现象背后的理论意义，并最终为论文的主要结论服务。

5.8.1 撰写结果与讨论的基本要求

① 结构清晰。结果与讨论部分篇幅较长，研究型的 SCI 论文一般根据其内在逻辑结构继续分为若干个小标题，每个小标题的命名跟论文的大标题命名要求相似，要求简洁概要，该小标题下几个段落的内容应该以小标题为中心。

② 逻辑顺畅。研究结果的表达要符合逻辑顺序，而不是时间顺序。不管是在结果与讨论这一大部分还是具体到每个自然段中，数据的处理和表达都应该符合逻辑顺序，这样写出来的论文是流畅的，不会让读者读起来摸不着头脑。

例如在一篇题目为"Reinvestigating the role of reactive species in the oxidation of organic co-contaminants during Cr(VI) reactions with sulfite"的论文中,作者将结果与讨论部分分成了以下三部分:Trace organic contaminant oxidation during Cr(VI)/HSO_3^- reactions、Influence of dissolved O_2、Reexamining the contributions of hydroxyl radical and S-centered radicals to organic co-contaminant degradation。内容表达上按照实验现象、影响因素、机理探究的内在顺序,让读者很容易理解。

③ 主次分明。在 SCI 论文中,每一个自然段内也要有一定结构。一般先用一两句话概括一下这一段实验内容,再讨论细节。在结果的表达上不仅要结构清晰,还要突出重点。写作过程中不可能把所有观察到的实验现象都列出来逐一讨论,一定要把大部分篇幅放在与研究主题相关的实验结果上,不要让不相干的实验现象喧宾夺主。

④ 遵守学术道德规范。在实验结果上一定要真实地展示实验结果,对于反常的实验结果,如果有个别地方用现有理论确实难以去解释,可以说有待进一步研究,切勿伪造看似完美的数据。

⑤ 对比文献。在结果与讨论中,可以引用相关的参考文献结果对比分析相似和差异之处,尤其是在与重要文献中实验结论不同时,不要回避重要文献,可以分析差异产生的可能原因,推动大家对相关理论的认识。

⑥ 图表与文字结合。图表在表达数据结果上有直观性的优势,一张精心绘制的图表可以涵盖很大的信息量,避免了用文字表达的诸多不便。尽量用图表表达数据,文字不要重复表述图表中的数据,文字用于归纳结果和展开讨论。

⑦ 深入分析。实验部分是为了结论服务的,所以得到观测的数据之后,要对数据进行进一步的分析、归纳、总结。同样地,图表中的数据也不应该都是直接的观测数据,那样论文的结果看上去可能会很像练习题。我们可以对数据进行相关性分析、理论模型拟合等处理,从而推导出一定的结论,去回答我们在引言中提出的问题。

⑧ 用词谨慎。在这部分我们称之为讨论是因为我们的论文可能也会有一定的局限性,科研总是在进步的,所以在讨论结果时我们用词要谨慎,在可能产生不同解释的地方我们的讨论在表述上不要绝对化,可以使用 could be、may be、might be 等词语表达探讨性的语气。

5.8.2 结果与讨论中常用的英文表达

描述实验结果时引起读者注意的转折词:remarkably,interestingly,

unexpectedly，intriguingly，particularly，notably，unfortunately，however 等。

描述图表结果：

As shown in Figure 1, As can be seen from Figure 1, …等。

Figure 1 shows/illustrates/demonstrates/displays/presents/provides/compares …等。

These results suggest/indicate that 等。

与其他结果一致：

This finding was also reported by …

As mentioned in the literature, …

support/in line with/agree with/in accord with/consistent with/in agreement with …

与某结果不同：

This outcome is contrary to that of …

However, the findings differ from …

unlike/compared to/in contrast/on the contrary…

解释原因：be ascribed to，be attributed to，can be explained by，An possible explanation may be，…

5.8.3 撰写结果与讨论时的注意事项

结果与讨论中的英文表达还要注意以下几点：

① 在进行对比时注意对比对象的完整性。

错误：The removal was higher using permanganate/bisulfite.

正确：The removal was higher using permanganate/bisulfite than using permanganate alone.

② "this" 后面要接名词。

错误：This is a fast reaction.；This leads us to conclude…

正确：This reaction is fast.；This observation leads us to conclude…

③ 尽可能用主动语态，因为主动语态读起来更容易。

错误：It was observed that the solution turned red.

正确：The solution turned red. 或 We observed that the solution turned red.

④ 主动语态的主语可以用 we、our，而不能用 I、my。

⑤ 如果遇到不确定的表达，一定要查文献、查字典或网上搜索，不要似是而非、得过且过。

⑥ 少用长句，多用清晰易懂的简单句。

此外，更多写作中的注意事项详见第 6 章。

5.9 结论

结论是对整篇论文的内容进行总结的部分，通常作为一篇论文主体部分的结束，起到对整篇论文总结陈述的作用，是一篇完整的研究型 SCI 论文的必备部分。一方面，结论应该基于客观事实，而不是假设或推测，但结论也不是研究结果的简单重复，而是对研究结果更深一步的认识，是从结果与讨论部分的全部内容出发，并涉及引言的部分内容，经过判断、归纳、推理而得到的综合性观点。结论部分应该包括两方面的内容：

① 基于已存在的实验结果得出的结论。本研究的关键性发现是什么，得出了哪些规律性的东西，解决了哪些实际问题；本研究对前人的观点做了哪些证实、补充、发展或否定。

② 对研究意义及未来研究的合理展望。本研究存在的不足之处或未解决的问题，以及指出解决这些问题可能的关键或方向。

5.9.1 撰写结论的基本要求

① 内容简明扼要。结论的行文要简短，不对具体内容展开论述，但也不能过于笼统和抽象，需要将全文的要点进行梳理和概括，有逻辑地进行表达。同时，撰写结论时避免使用过多长句子，采用长短句结合的方式，以增强文章的可读性。

② 结构清晰，层次分明。为了使论文的结论结构清晰，层次分明，有些期刊的结论可以分条叙述（例如 i、ii、iii、iv ……）或者分段论述。

5.9.2 结论与摘要的区别

由于摘要和结论中有部分内容具有一定的相似度，往往有人会将两者混淆。对于广大科研工作者来说，在撰写论文的时候要注意区分摘要和结论，关于两者之间的不同，这里有两点需要强调：

① 形式上，结论可以分段，而期刊的摘要一般均为一段。

② 内容上，摘要涵盖昨天（背景）、今天（结果）和明天（外延），结论则

重述今天（强调发现、问题与改进）及展望明天（下一步工作）。

5.10 致谢

根据国家标准 GB/T 7713—1987《科学技术报告、学位论文和学术论文的编写格式》及其部分更新的 GB/T 7713.1—2006 和 GB/T 7713.3—2014 标准，可以在正文后对下列方面致谢：

① 国家科学基金、资助研究工作的奖学金基金、合作单位、资助或支持的企业、组织或个人。

② 协助完成研究工作或提供便利条件的组织或个人。

③ 在研究工作中提出建议或提供帮助的人。

④ 给予转载和引用权的资料、图片、文献、研究思想和设想的所有者。

⑤ 其他应感谢的组织或个人。

致谢在大多数论文中是必不可少的一部分，在致谢中一般列明提供支持的基金，其他在人力、物力、财力等方面提供支持的团体和个人也可以成为致谢的对象。需要注意的是，按照学术规范要求，向对本研究做出贡献的人致谢，避免向对研究没有贡献的专家致谢，无须向期刊的编辑和审稿人致谢。

致谢的表达清晰准确即可。如：

This work was supported by the National Natural Science Foundation of China (Grant ×××××××) and the Fundamental Research Funds for the Central Universities.

We thank Shanghai Institute of Organic Chemistry (Chinese Academy of Sciences) for providing access to stopped-flow spectrophotometer instrumentation.

The authors acknowledge helpful conversations regarding the interpretation of these data with Profs. ××× and ×××.

注意，在写致谢时，基金号、机构名称、被致谢人姓名一定不能写错。

5.11 参考文献

在论文的写作过程中，引用参考文献必不可少，在论文中用到已发表的著作中的实验方法、理论和结论的地方都要标明，在文后引用相对应的参考文献。

5.11.1 参考文献的作用

参考文献的引用体现了作者对所研究领域的熟悉程度、作者的学术眼光以及对他人学术成果的尊重。读者可以根据参考文献方便地查找相关资料，理解研究内容。参考文献的引用还为文献计量研究机构提供引文统计的依据，一篇文献的被引用次数可以在一定程度上反映该研究的影响力。在 SCI 论文的写作中引用最多的参考文献主要是期刊文章、书籍、标准、毕业论文等。因此，本节主要针对英文论文中参考文献（期刊文章）的引用和注意事项进行展开叙述。

5.11.2 参考文献的引用原则

① 某一研究方向的论文可能很多，要引用与所研究的内容密切相关的、高质量杂志上权威的论文，作者对文献的筛选尽量是"高品位"，每篇所引用的文献必须是作者自己已经阅读了的文献，至少是粗读过的文献，要避免过度引用文献。从"学术礼仪"的角度上说，不应当缺少国际上最有名的同领域研究者的研究，尤其是创始人的研究。

② 尽量引用最新发表的论文，引用新发表的论文代表作者所做的研究是当前受到关注的问题，且体现了作者对研究领域近期发展的了解程度。需要注意的是，须引用公开发表的论文，已经接收（accepted）或者付印（in press）的论文也可以引用。

③ 对于二次引用，即要引用的 A 文献里的观点来自 B 文献，一般鼓励作者找到并引用最原始的材料（B 文献），但如果材料过于久远，或 A 文献的作者对 B 文献的内容有扩展、补充或否定，则应当将 A、B 文献一并引用。

④ 英文期刊对参考文献的条数有特定要求或不做要求，一般研究型论文的引用参考文献数量在 20 条以上。

5.11.3 参考文献的编写经验

参考文献（期刊文章）列表包括以下内容：作者、标题、期刊名、发表年、卷号、期号、起止页码。不同的期刊有不同的参考文献格式要求，可以使用文献管理软件如 Endnote（常用）按照期刊所要求的格式导入文献，充分利用该软件的功能可保证导入的文献格式是统一的，但是，去除管理软件链接后，我们仍需要对参考文献仔细逐一确认，避免出现错误。在这里给大家分享一些关于 SCI 论文参考文献的编写经验。

（1）作者的"姓"和"名"

英文论文中，中国人的姓名用汉语拼音表示，姓和名的第一个字母都要大写，写法规则与英文姓名相同。作者名有姓在前、名在后、中间以逗号分隔的写法，也有名在前、姓在后的写法，这取决于不同期刊的要求。外国人的名字也是类似的写法，有中间名（middle name）时，放在名字（first name）之后即可。

由于习惯不同，容易将外国作者的"姓"和"名"顺序弄反，笔者在引用文献的时候曾出现这种情况。例如：

正确：Pestovsky, O.; Bakac, A. Inorganic Chemistry, 2006, 45(2), 814–820.

错误：Oleg, P.; Andreja, B. Inorganic Chemistry, 2006, 45(2), 814–820.

（2）期刊名称

引用文献时，仔细核对期刊名称，不能乱改期刊名称，有许多期刊的名称非常相似，容易弄混淆。例如，"*Environmental Science & Technology*"和"*Environmental Science & Technology Letters*"，就差一个单词，容易弄混。例如，"*Water Research*""*Water Resources Research*"和"*Water Environment Research*"是三个完全不同的杂志，名称非常类似。

（3）年份、卷号和期号

仔细核对参考文献的出版年，尤其是在年底录用并上线的文献出版年容易被弄错。例如，有些论文是在 2018 年录用并上线，在 2019 年出版，结果作者不小心将出版年写成了 2018 年。

关于卷号（volume）和期号（issue），有些杂志是要求参考文献目录里卷号和期号都要有，而有些杂志只要求有卷号，不管是哪种要求，整篇论文的所有参考文献都要统一加卷号和期号，或者统一只有期号。此外，有些作者可能会混淆参考文献的卷号和期号，例如"Matta R, Tlili S, Chiron S, et al. Environmental Chemistry Letters, 2011, 9(3): 347–353."。这篇文献中"9"是卷号，"3"是期号，如果使用这种表达方式，全篇论文中的参考文献都统一使用。

若参考的文章是新发表的论文，没有期刊号和卷号，则应当加注文章的 DOI 号。部分期刊开始使用"文章号"（Article #）代替卷号和页码，作者需要关注期刊的发展动态以做出相应的调整。

（4）核对"References"中文献与文中的内容是否相对应

学术论文在投稿之前，需要进行反复修改。在反复修改的过程中，可能会出现参考文献的错乱。因此，在投稿之前，需要仔细核对参考文献列表中文献的顺序是否与文中所出现的位置相对应。

还需要核对文献列表中是否有同一篇文献出现2次,文献列表中文献篇数与文章中所引用的篇数是否一致。笔者在核对自己即将投稿的论文参考文献过程中曾发现同一篇文献出现2次,以及文献列表中文献篇数大于文中所引用的篇数。例如,文献列表中有48篇文献,而文中只引用了46篇。因此,建议尽可能使用文献管理软件比如Endnote,可以减少或者避免引文错误。

以上这些内容也是笔者在写论文过程中发现的需要注意的事项,或许还不够全面。此外,参考文献的编辑和整理需要作者的耐心和细心,参考文献编辑规范统一也能体现作者的认真和细心程度,同时也会给审稿人留下更好的印象,因此,我们需要重视参考文献的规范性。

5.12 支撑材料

支撑材料(Supporting Information/Supplementary Material)作为论文主体的补充项目,并不是投稿SCI必需的,例如部分综述类文章没有支撑材料。此外,如果有用的数据和图表在正文中都已经讲明白了,也不需要支撑材料。支撑材料是为了容纳在有限的篇幅外的与研究相关的次重要信息,为了在不破坏正文编排的条理和逻辑性的条件下保证整篇报告、论文材料的完整性。

支撑材料包括比正文更为详尽的信息、研究方法和技术更深入的叙述,对了解正文内容有用的补充信息等;由于篇幅过大或取材于复制品而不便于编入正文的材料;对一般读者并非必要阅读,但对本专业同行有参考价值的资料;某些重要的原始数据、数学推导、计算程序、框图、结构图、注释、统计表、计算打印输出件等。

支撑材料一般独立构成一个文件,在网上与正文一起公开发表,但是不进行纸质印刷,一般来说,支撑材料部分的内容不应该影响正文主要结论的推导。很多期刊对论文正文的篇幅及图表数量有严格的限制,而合理利用支撑材料是解决这一问题的有效途径。

支撑材料一般包含封面页、目录、补充说明、图、表、参考文献等内容,在写作要求和注意事项上与正文基本一致。

第 6 章　SCI 论文写作的注意事项

对于 SCI 论文写作者而言，宏观上的写作方法或许比较容易掌握，但一些细节性的注意事项却未必能够留意到。"The devil is in the detail"（魔鬼藏在细节中），当你已经有不错的论文选题并整理好了数据图表时，严谨规范的写作往往能给审稿人和读者留下更好的第一印象，让论文更加出彩。一篇高质量的 SCI 论文必须具备以下五个基本要求（"5c"）：正确（correctness）、清楚（clarity）、简洁（concision）、完整（completion）和一致性（consistency）。为满足以上要求，本章列举了 SCI 论文写作的注意事项，涵盖了投稿文件的格式、内容的表达方式和形式规范等多方面的内容，帮助初学者们更全面细致地掌握 SCI 论文的写作技巧，避免在论文投稿过程中因为细节错误而功亏一篑。

6.1 "The devil is in the detail"

在 SCI 论文写作过程中，良好的写作习惯体现在细节之处，这些细节往往也会决定论文的成败。培养良好的写作习惯不是一朝一夕之事，更不能一蹴而就，而是需要长年累月的积累。因为人们的粗心大意，日常生活和学习中随处可见各种不规范甚至错误的表达，导致我们大家对这些不规范的"免疫力"很强。要想完成一篇高质量的 SCI 论文，首先要在日常生活中练就一副"火眼金睛"，及时发现并能指出不规范的表达，引以为戒。如果我们没有一双"挑剔"的眼睛，就会逐渐习惯这些不规范的表达，这些表达方式最终也会出现在我们自己写作的论文中。图 6-1 列举了一些日常生活中我们容易出现的表达错误，而这些错误也是 SCI 论文中常见的错误。希望大家通过这些"触目惊心"的错误，能意识到仔细"打磨"一篇高质量 SCI 论文的不易，在学习过程中，时刻注意自己的学术表达，养成规范的写作习惯。

在图 6-1 中的例子分别对应中英文翻译错误（小图 1、2）、不一致表达（小

图3、4)、格式错误（小图5、6)、语法错误（小图7）以及拼写错误（小图8)。

小图1中的英文翻译为典型的中式英语，单词和语法均使用错误，实际上该句子只需翻译为"Non-potable Water"即可。小图2中的"Toilet"为"厕所"之意，而"蹲便器"应该翻译为"Squatting Pan"。

小图3中的价目表，字体大小、宽窄、粗细、字号均不统一，且红烧大排的价格应该是2.5元，小数点遗漏了。而小图4中的地名的大小写规则和空格间距不统一。

小图5中的仪器面板，流量单位"cm^3/S"中的"S"表示秒时应该使用小写字母"s"。小图6中，标题中的介词、连词、冠词应小写。

小图7中，"作为纯水，是无色、无嗅、无味的液体"句子没有主语，应该修改为"纯水是无色、无嗅、无味的液体"。小图8中的"China"拼写成了"Chian"。

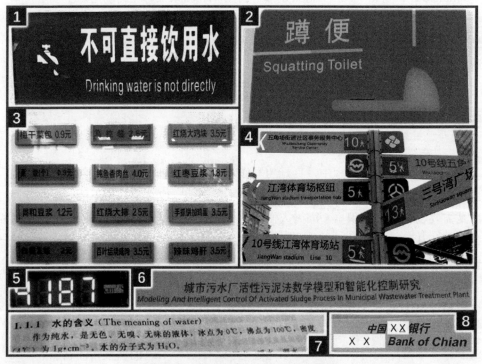

图6-1 日常生活随处可见的表达错误

[小图1为水龙头标识（袁志国摄)，小图2为蹲便器标识（杨冯睿摄)，小图3为食堂价目表（贺子镇摄)，小图4为路标（李岱君摄)，小图5为某仪器面板（王达一摄)，小图6为某展板标题（王俊钦摄)，小图7为某教材内容（周瑞摄)，小图8为某银行标识（刘嘉琳摄)]

生活中充斥着类似上述例子的低级错误，即使是在高等教育领域也有很多，但我们常常对这些错误熟视无睹。这就提醒我们，如果我们想要完成高质量的 SCI 论文，就必须对这些低级错误有则改之无则加勉，养成良好的写作习惯和严谨的科学态度。本章后面几节将重点介绍 SCI 论文写作过程中的注意事项，帮助初学者们更全面细致地掌握论文写作的技巧。

6.2 论文的文件、版式、字数

论文作者在写作和投稿前应该要仔细阅读目标期刊要求的投稿文件列表，并按照相应的格式准备。SCI 论文投稿的常见文件包括：①投稿信（Cover Letter，必须有）；②正文（Manuscript/Main text，必须有）；③插图（Figures，可能作为独立文件也可能合并在正文中）；④表格（Tables，可能作为独立文件也可能合并在正文中）；⑤补充材料（Supporting Information/Supplementary Material，有时候有）；⑥文章亮点（Highlights，有时候有）；⑦创新性说明（Novelty Statement，有时候有）；⑧其他说明性文件（包括版权说明、利益冲突声明、作者贡献等，有时候需要）。

投稿不同期刊所需的文件在期刊的 Author Guidelines 中有详细说明，在投稿前应仔细阅读该指南，并按投稿系统的要求在投稿之前准备齐全。

正文和其他文件都应使用美观整齐的版式，页面可使用 A4 竖排，单栏排布，默认页边距（可在 Word 的布局选项卡中设置），也可使用 Letter size 的纸张大小（美国作者和期刊常用），自行调整页边距，以不过于拥挤、不过于松散为标准。文本的常用行间距为 1.5 倍或 2 倍，应带有行号和页码。少部分期刊要求投稿文件按照期刊最终出版的版式排版，或者对版式有特殊要求，例如不带行号等，则作者应按照期刊的具体要求在投稿前整理好。

论文版式的一个重要问题是合理分段。除摘要外，论文文本一般需要分段。其基本原则是：一个段落只讨论一个主题，即如果开始讨论一个新的主题，就需要另起一段。基于这个原则，作者可以选择在同一个段落中论述一个论点和支持这个论点的论据，或者将几个与段落主题相关的论点放到同一个段落中，如果单个论点过于冗长，其详细证据的阐述也可以放在其他段落中。对于写作的新手来说，以下的经验有助于判断是否应该分段：①每段只陈述一个主要论点；②每段要有 3～5 个或更多的句子；③每页包括两至三段；④段落的长度与论文的长度相对应,即短论文用短段落,长论文用长段落;⑤如果有几个非常短的段落,可以考虑将它们合并成一段或者可以添加证据来支持每个论点,从而使每个论点成为一个更完整的段落。

论文段落的排版方式有三种:第一种是段前不空格,但段与段之间的间距要大于行距;第二种是所有的段落段前空 2~4 个字符;第三种是全文第一段和小标题后的第一个段落段前不空格,其余的段落段前都空格,原因是分段起到的停顿作用在第一段和小节开头的段落已经具备。

一般的期刊对正文的字数有一定的要求,不同期刊计算字数的方式不同,如有部分期刊将图和表折算成字数,有的期刊直接限制图表的个数;不同的期刊计算字数的部分也不同,如有的期刊将参考文献的字数包括在内,有的只计算到结论部分。另外,有的期刊对摘要和结论部分有单独的字数限制。具体需查阅期刊的 Author Guidelines,并在写作时应加以注意。如果最终的正文字数超过了限制,需删除部分文本,或者将部分文本移至补充材料中。需要注意的是,移入补充材料的文本一般为正文中相对不重要的内容,但这些内容被完全移走之后往往会造成正文内容的缺失。比较好的做法是在正文中保留相应内容的简要叙述,并标注"详细内容在补充材料中"。这样做的原因是正文内容应做到不依靠补充材料能相对完整,避免读者在正文和补充材料文件中来回查找相应的内容。例如:

The protocol involved adding 40 mL of Na_2S solution (0.1 mmol/L) into bottles containing 0.4 g of ZVI, and more details can be found in the Supporting Information.

在该例子中,虽然详细的操作方式放在了补充材料中,但依旧保留了关键的药剂名称、剂量等读者可能非常关注的信息。

6.3 论文的写作技巧

6.3.1 论证论点

在 SCI 论文写作时最重要的是提出强有力的论点,论点是论文的材料所表达的观点见解,是论文的核心内容。提出论点是极具技巧的,首先,作者应该要旗帜鲜明地表达论点,能让读者明确理解;其次,论点应该是严谨的,论文的内容、提供的材料、想要说明的逻辑都应该是周密严谨的,不应该有异议;再次,论点应该集中而深刻，一篇论文应该只具有一个中心论点，全文围绕其展开论述，且能深入揭示事物的本质；最后，论点应该具有一定的新颖性，要包含独到的观点和看法，不是一般的老生常谈，如果论点是被普遍接受的事实，那就没有理由对其进行研究讨论了。

例：Pollution is bad for the environment.

污染对环境有害是一个人们都普遍接受的观点，应该着眼于一个新的角度来论述问题，如财政支出与减少污染之间的关系。

例：At least 25 percent of the federal budget should be spent on limiting pollution.

写作过程中另一个容易出现的问题是论点过于宽泛，不够集中，以下用了几个例子来说明怎样使论点集中。

例：Drug use is detrimental to society.

这个论点是过于宽泛的，首先，"Drug"有多种释义，可以解释为非法药物、娱乐性药物（酒精和香烟）或者常见的药物等，应该明确其具体指代的内容，这里应该是指"毒品"（illegal drug）。其次，应该具体指出毒品在哪些方面是有害的，毒品的危害有多种方式：毒品导致民众死亡的情况（过量使用毒品与和毒品有关的暴力行为等）、毒品在道德层面上影响了人们、毒品导致了经济衰退。最后，应该表明"society"的指代对象，"society"可以指一个国家或者是全球，也可以用来指代儿童或成人团体。写作时显然不能将以上所有内容都做讨论，所以论点应该明确主题所涉及的所有内容，集中于一点而不宽泛。

例：Illegal drug use is detrimental because it encourages gang violence.

在这个例子中，毒品的范围已缩小到非法毒品，危害所涉及的范围缩小到团伙暴力。

例：America's anti-pollution efforts should focus on privately owned cars because it would allow most citizens to contribute to national efforts and care about the outcome.

这句话集中于通过限制私人汽车来控制环境污染，并说明了理由。

例：At least 25 percent of the federal budget should be spent on helping upgrade business to clean technologies, researching renewable energy sources, and planting more trees in order to control or eliminate pollution.

这个论点不仅表达了用于控制污染的预算数目，还表达了控制污染的方法。同时限定词的使用也有助于明确论点，常用的限定词有：typically、generally、usually、on average等。

论文中所提出的论点需要提供充分的论据论证，论据的种类有两种。第一种论据是作者亲自开展的研究，如调研、实验等。第二种论据是引用自他人的参考资料，比如书籍、期刊论文和网站。在使用论据之前，都要保证其是可信的。

在引用他人的论据时，可以通过以下方式来确保其可靠性。其一，由提供该论据的作者来判断。一般某一研究领域的权威学者所发表的论文具有比较高的可靠性，同时对引用内容的来源进行规范标注的作者也会增加其论文的可靠性。其二，要保证论据的时效性。尤其是某些研究内容、观点变化日新月异的领域，需要引用一些近期的论文来保证时效性。其三，讨论某些有争议的论点时要注意，论据不能局限于某一方的论点，同时应该考虑原作者的写作目的，思考原作者对该论点是否中立、客观，资助该研究的机构是否中立等问题。其四，在使用网络资源时要十分谨慎，不要使用无法明确出处和作者的论据，除非该网站的数据是由信誉良好的机构提供，如大学、可信的专业机构、政府部门或知名非政府组织等。要尽量避免使用一些人人皆可编辑的网站上的内容，如维基百科、百度百科等。

6.3.2 内容强调

某些句子或者单词对论文核心内容的表达具有关键性的作用，这时候往往需要强调它们来引起读者的关注，同时这也利于论文的表达和读者的阅读，强调的手法和方式如下。

第一种方式是视觉上的强调，下画线、加粗或者斜体是最为常用的手法。在学术写作中，作者通常选择其中一种，作为强调的手法。文章中不应该过多地使用视觉上的强调手法，如改变字体大小、粗体、全大写等，这样会使论文的内容过于花哨，不够学术。

例：<u>Flaherty</u> is the new committee chair, not Buckley.

第二种方式是使用一些特殊的标点符号。某些标点符号有强调部分词或句子的作用。在学术论文写作中通常不使用感叹号，但使用破折号（长横）可以有比逗号或者冒号更强的强调效果。

使用逗号：The employees were surprised by the decision, which was not to change company policy.

使用冒号：The employees were surprised by the decision: no change in company policy.

使用破折号：The employees were surprised by the decision—no change in company policy.

最简单的强调方法是使用一些带有强调语气的词汇，如 especially、particularly、crucially、most importantly、above all 等。

在连续使用相同的单词之后使用其反义词，使用反义词的这一部分也会被强调。

例：Murtz Rent-a-car is the first in reliability, the first in service, and the last in customer complaints.

除此以外，还可以通过使用非常规的句型结构来强调句子的某一部分。下面这个例子中将标准主-动-宾句型倒装成宾-主-动句型，强调的部分是调整过语序的词组"Fifty dollars"。

不强调：I'd make fifty dollars in just two hours on a busy night at the restaurant.

强调：Fifty dollars I'd make in just two hours on a busy night at the restaurant.

一个句子的开头和结尾的部分也具有一定的强调作用。因此，复合句的主句比从句会更容易引起读者的注意，所以可以将需要强调的词放在句子的开头或结尾。

例1：No one can deny that the computer has had a great effect upon the business world.

例2：Undeniably, the effect of the computer upon the business world has been great.

6.3.3 表达简洁

表达的简洁性是指用较少的词汇表述一个概念的同时又不影响其内容。如果文章的某一部分对读者理解文章内容没有帮助，那么它就是多余的。科技论文不是科普性论文，大多读者都是同行，所以在论文撰写过程中不应出现一些学科常识性的段落。同时，对审稿人来说，文章的内容越多，可以批判的内容就有可能增加，不利于稿件的投稿与接收。所以科技论文必须要保证其语言的简洁性。

通常很多短语都可以用单个单词来表达，用单词来替代短语可以使句子变得简洁。

例：

The employee with ambition...（用短语表达）

The ambitious employee...（用单词表达）

The department showing the best performance...（用短语表达）

The best-performing department...（用单词表达）

舍弃不必要的限定词和修饰词。写作时可能会用到一个或多个形容词或短语作修饰语，但有些对主题的表达并没有帮助，这时可以删除这些修饰词来保证简洁性。

例：

For all intents and purposes, American industrial productivity generally depends on certain factors that are really more psychological in kind than of any given technological aspect.

American industrial productivity depends more on psychological than on technological factors.

同时，论文的标题也应该简明扼要。为了简洁而精准地概括文章内容，用词需要有所挑选，过于复杂的标题容易产生歧义，对读者而言难以记忆和引用。同时题目不同于普通的句子，无须注重主谓宾结构，因此词序就显得极为重要。各个词语之间修饰关系应该合理，同时突出需要强调的内容，否则就会影响读者对题意的理解。

6.4 语法问题

6.4.1 论文的时态问题

与汉语中用时间副词的表达不同，英文通常用动词的变位来表达动作发生的时间和执行情况，即通过同一动词的不同形式表达动作发生在过去、现在、将来，以及动作是正在进行还是已经完成。因此，时态的使用是以中文为母语的写作者在进行英语写作时非常困惑的问题。英文中的时态可分为一般现在时、现在进行时、现在完成时、一般过去时、过去完成时、一般将来时、将来完成时等，英文论文中比较常见的时态及举例如下。

一般现在时，用动词原形表示，使用时需注意主语的单复数：They walk.

现在进行时，用 be 加动词的现在分词表示：They are walking.

一般过去时，用动词的过去式表示：They walked.

现在完成时，用 have 加动词的过去分词表示：They have walked.

一般而言，动词的现在分词、过去式、过去分词分别由动词加 ing、ed、ed 组成，但也有一些特殊情况，如表 6-1 所示，在写论文时应该特别注意这些情况，避免拼写上的错误。

表 6-1 英文动词的现在分词、过去式、过去分词的非常规变化

情况	规则	举例 （动词原形-现在分词-过去式-过去分词）
以不发音的 e 结尾的动词	现在分词去掉 e 再加 ing； 过去式去掉 e 再加 ed； 过去分词去掉 e 再加 ed	consume-consuming-consumed-consumed measure-measuring-measured-measured reduce-reducing-reduced-reduced use-using-used-used 等
辅音字母+y 结尾的动词	现在分词直接加 ing； 过去式改 y 为 i 再加 ed； 过去分词改 y 为 i 再加 ed	study-studying-studied-studied apply-applying-applied-applied carry-carrying-carried-carried quantify-quantifying-quantified-quantified 等
重读闭音节且末尾只有一个辅音字母	现在分词双写辅音字母再加 ing； 过去式双写辅音字母再加 ed； 过去分词双写辅音字母再加 ed	fit-fitting-fitted-fitted prefer-preferring-preferred-preferred plan-planning-planned-planned control-controlling-controlled-controlled 等
其他非常规变化	动词的现在分词、过去式、过去分词变化方式各有一些特殊变化方式，需特别记忆或查词典确定	show-showing-showed-shown give-giving-gave-given leave-leaving-left-left tie-tying-tied-tied 等

由于论文中各个部分表达的内容有所不同，使用的时态也相应地有所差别。以下总结了论文各个部分所对应的常见时态，论文的写作者应该根据写作的具体内容进行判断。

（1）摘要（Abstract）中的时态

英文摘要中常用一般现在时、一般过去时，少用现在完成时、过去完成时，进行时态和其他复合时态基本不用。在介绍背景资料时，如果句子的内容为不受时间影响的普遍事实，应使用一般现在时；当强调研究内容对现在的影响时，应使用现在完成时。当叙述研究目的或主要研究活动时，如果采用"论文导向"，多使用一般现在时，如果采用"研究导向"，则使用一般过去时（例 1）。当叙述实验结果时，通常使用一般过去时（例 2）。当叙述结论或建议时，可使用一般现在时和情态动词。

例1：The effect of sulfidation on the reactivity of ZVI was studied in batch systems.

例2：All the kinetic data were described by a first-order model.

（2）引言（Introduction）中的时态

引言一般包括很多内容。研究背景中一些被广泛认同的论点应该采用一般现在时（例3）；研究的重要性和研究目的也应采用一般现在时（例4）。

例3：Water chemistry provides information for reactor design.

例4：The purpose of this study is to report innovative approaches for data analysis.

对于文献结果的总结，有一般现在时、一般过去时和现在完成时三种。一般现在时用于作者本人认为文献报道的情况仍然适用于当前的研究（例5）；一般过去时用于之前研究结果的客观总结（例6）；现在完成时的肯定形式表示研究结果报道的是可信的内容，足以作为本研究的基础，否定形式一般用于表示某方面的研究较少（例7）。

例5：Pollution of Huangpu River is very serious.

例6：A previous study concluded that enhanced reduction of A was due to rapid oxidation of B.

例7：A lot of research has been conducted on the reaction rate of ZVI, but the relationship between reaction rate and electron efficiency has not been widely addressed.

（3）材料与方法（Materials and Methods）中的时态

这部分的时态较为简单，由于描述的是过去的动作，所以应使用一般过去时，注意不使用完成时（例8）。

例8：Samples were taken at given time points.

特别地，描述文中的图表的语句应用一般现在时（例9）。

例9：The experimental setup is schematically illustrated in Figure S1.

（4）结果与讨论（Results and Discussion）中的时态

一般来说，描述实验结果的语句用一般过去时，解释结果的语句用一般现在时（例10）。但如果作者认为提出的解释仅仅适用于该次实验，用一般过去时（例11）。

例10：As the results were not consistent with those at lower temperature, it is possible that the catalyst can be deactivated at high temperature.

例 11：Inconsistent results were obtained under this condition, which was due to the sampling method employed in this study.

文中图表的描述应用一般现在时（例 12）。

例 12：Figure 3 shows the kinetic data.

（5）结论（Conclusions）中的时态

结论中用一般过去时表达本文的结果，用一般现在时表达未来的研究方向（例 13）。

例 13：This study found that this method can accelerate contaminant removal. Further studies are necessary to reveal the involved mechanisms.

6.4.2　论文中冠词的使用

冠词的正确使用对于英文论文写作的初学者来说也是一大难点。英语中的冠词主要包括"a""an"和"the"，它们在英文论文中的使用与日常英语的表达稍有差异，主要体现在科技论文中的很多不可数名词前需要加"the"，但总体的规则是一致的，即通过该名词是否为特指来判断是否需要加"the"，再根据该名词是否为单数去确定是否需要加"a"或"an"。

如果该名词为特指，则需要在该名词前或其修饰词前加入"the"，判断是否为特指的简单方法。

① 某事物为唯一一个，则一定是特指。

the sun、the sky（太阳、天空都只有一个）；first、second 等序数词之前（第一、第二都是唯一的）；most、best 等最高级之前（最多、最好都只有一个）。

② 将要表达的意思翻译成中文，该名词如果前面可以加上"任何""一般""某一些""某种"之类的修饰，则应当理解为泛指，如果该名词前可以加上"这一些""这个""这种"修饰，则应当理解为特指。

例 1：Add 1 g of sodium carbonate to **the** water in the graduated cylinder.（向量筒中的**这些水**加入 1 g 碳酸钠）

例 2：The perimeter of **a** square is the total length of the four equal sides of **the** square.（**任一**正方形的周长是**这个**正方形的四条相等的边的长度的和）

③ 科技论文中具体描述某一事物的特性参数通常理解为特指。

例 1：**The** density of a substance is the relationship between **the** mass of the substance and its volume.

例 2：**The** temperature of a substance gives information about **the** kinetic energy of its molecules.

如果某一可数名词不是特指，且为单数，则要在该名词前或其修饰词前加入"a"或者"an"，该词以元音音素开头则使用"an"，否则使用"a"。

例：**A** volume of alcohol has less mass than **an** equal volume of water.

如果某一名词不是特指，同时又是复数，则无须添加冠词。

另外，当名词已经被以下词语限定时，不需要用"a""an"或者"the"。其余情况均与日常英语中的用法相同。

表 6-2 不与冠词同时使用的词

性质	举例
表特指的词	these、those、this、that
所有格	my、our、your、his、her、its、their、其他以"'s"或"s'"结尾的所有格
其他不与冠词同时使用的词	one、any、some、every、each、both、many、more、few、either、neither、another、other、the other、several、all、all the 等

6.4.3 中英文表达习惯不同导致的语法错误

以中文为母语的写作者常常会将中文的表达习惯带入到英文写作中，但由于中英文表达的巨大差异，可能会使得读者无法读懂论文中的语句或者作者原本的意思无法精准传达。以下总结了论文中由于中英文表达习惯不同导致的常见错误，供写作者加以规避。

（1）中英文词汇不对应

中英文词汇对应错误是中国作者写作英文论文时最常见的语法错误，其中中英文相似词汇的实际含义不同是这种错误出现的常见原因，例如：

①"去除率"错误对应为"removal efficiency"或"removal rate"。中文中的"率"并不完全对应于英文的"efficiency"或"rate"，"removal rate"指的是去除的速率，"removal efficiency"不是英文的固定表达。"去除率"应该对应"Removal (%)"。

②"自加速"错误对应为"self-acceleration"。中文的"自"有"自动"和"自身"的意思，"自加速"应该对应"auto-acceleration"。

③"在文献中"错误对应为"in literatures"，正确的表达应该是"in the literature"，"literature"本身就有一些文献的意思，the 表示特定范围。

④"反之亦然"错误对应为"vice versa",例如将"如果 $A>0$,……成立,则 $A<0$ 亦然。"表达为"… if $A>0$, and vice versa if $A<0$."。中文的"反之亦然"并不完全对应"vice versa",vice versa 表示前面所述两个对象交换位置,也有相同的结果,并不是条件相反结果也一样。

⑤"输入代码"错误对应为"enter the code",正确表达应该是"input the code",enter 作动词时只有进入、开始的意思,并没有输入的意思。

其次,中英文意思相近的词语用法可能不同,例如:

①"as"与中文的"如"用法不同,例如将"如图 1 所示"错误表达为"shown as Figure 1",正确的表达应该是"as shown in Figure 1"。

②"by"大部分时候与中文的"通过"用法类似,但"通过这种方法"不能表达为"by this way",应该表达为"by doing this"或"using this method"。

③"such as"与中文中的"比如"不同,通常不与"etc."和"and so on"等表示不完全举例的词语同时使用,原因是 such as 后只需列举一定数量的例子。

④与中文不同,英文中表示"尽管(虽然)"含义的"though""although""despite"等词不与表示"但是"的"but""however"连用。表示"因为"的"because""since"等词也不与表示"所以"的"so""therefore"连用。

(2)主语与其表语或其主语补足语不对应

英文表达中的主语应该与其表语或其主语补足语对应,例如:

① Fe ion was detected as 1.0 mmol/L. 该句中的"1.0 mmol/L"是浓度,与主语"Fe ion"(铁离子)不对应,应改为"The concentration of Fe ion was detected as 1.0 mmol/L."。

② The disadvantage of the method is not sensitive. 该句中的"not sensitive"描述的是"method"而不是"disadvantage",应改为"The disadvantage of the method is that it is not sensitive."或者"The disadvantage of the method is its insensitivity."。

(3)直译中文导致句式错误和词汇赘余

这种错误在中国作者的英文论文中也较为常见,中文的句子直接翻译为英文通常会导致句子结构上的问题。

例如:How to detect the parameter is the objective of this study. 该句子是"如何测定该参数是本研究的目标"的翻译,但实际上英文陈述句应避免使用"How to"开头,该句子应改为"Detecting the parameter is the objective of this study."。

同时,由于部分中文词汇表意相对英文单词较宽,很多中文句子翻译为英文时，会出现不必要的限定词：

① The mechanism of the enhancing effect is because of … 该句中的"mechanism"一词在该句中是多余的，可直接表达为"The enhancing effect is because of …"。

② Good weather leads to good harvests in agriculture. 该句中的"harvests"本身就是农业收获之意，无须再加"in agriculture"。类似的表达还有：large in size、of a bright color、round in shape、at an early time、unusual in nature、extreme in degree 等。

（4）搭配错误

英文短语的固定搭配是写作中的一个难点，尤其有些搭配常常会异于直觉，因此经常出现错误，例如：

① The ratio of A and B…，其中的"and"应该改为"to"。

② The relationship of A and B…，其中的"of"应该改为"between"。

③ approach to do something（做某事的方法），其中的"do"应该改为"doing"，是固定搭配。

以上内容归纳了英文论文写作中一些常见的错误并列举了相应的例子，但是仍然远远不能涵盖实际写作中的所有语法错误，要想尽量避免这些语法错误，首先是要注意在日常的文献阅读过程中多积累一些英语表达，尤其是英语母语写作者的表达，这样在自己写作时才可得心应手。其次要尊重英语的思维习惯，直接以英文思维写作是最好的方式，如果作者以中文直译的方式写英文句子，也要注意使用搜索引擎检索以往的论文中是否有更合适的表达，并加以替换。

6.5 量、单位与表达式

6.5.1 量及其单位

量是现象、物质的可以定性区别和定量确定的属性，是 SCI 论文中必不可少的元素。论文中的量通常指的是物理量，分为常量和变量，具有可测量性，其值由数值和单位组成。SCI 论文中的量和单位应使用国际单位（System International，SI）制，其中的七个基本量和单位如表 6-3 所示，论文中应该使用它们和以它们为基础导出的物理量和单位，而一些如磅（lb）、英尺（ft）之类的单位应避免使用。

表 6-3　国际单位制中的基本量和单位

量名称	单位符号	常见倍数单位
长度	m（米）	km（千米）、cm（厘米）、mm（毫米）、μm（微米）、nm（纳米）等
质量	kg（千克）	g（克）、mg（毫克）、μg（微克）、ng（纳克）等
时间	s（秒）	min（分钟）、h（小时）、d（天）
电流	A（安培）	
热力学温度	K（开尔文）	
物质的量	mol（摩尔）	mmol（毫摩尔）、μmol（微摩尔）
发光强度	cd（坎德拉）	

按定义通过基本物理量的综合运算而得到的物理量称为导出物理量，其中一些物理量由于比较常用，有特定的名称和符号。以下列出了几种常用的导出物理量，其单位可在 SCI 论文中直接使用。

表 6-4　有特定符号的常见导出物理量

量名称	单位符号	导出关系
面积	m^2（平方米）	$1\ m^2 = 1\ m \cdot m$
体积	m^3（立方米）、L（升）	$1\ m^3 = 1\ m \cdot m \cdot m$，$1\ L = 10^{-3}\ m^3$
力	N（牛顿）	$1\ N = 1\ kg \cdot m/s^2$
压强	Pa（帕斯卡）	$1\ Pa = 1\ N/m^2$
能量	J（焦耳）	$1\ J = 1\ N \cdot m$
功率	W（瓦特）	$1\ W = 1\ J/s$
电荷	C（库仑）	$1\ C = 1\ A \cdot s$
电压	V（伏特）	$1\ V = 1\ W/A$
磁通量	Wb（韦伯）	$1\ Wb = 1\ V \cdot s$
磁场强度	T（特斯拉）	$1\ T = 1\ Wb/m^2$

此外，有些论文论述时必须导出物理量，但通常这些物理量的单位不用特定的符号表示，而是使用几个单位组合而成，这种单位称为组合单位。组合单位有时可以有多种表达，如 kg/m^3 可表示为 $kg \cdot m^{-3}$。但单位中有两个除号时容易引起误解，应改为乘号或加括号的形式，如摩尔每升每天不应表达为"mol/L/d"，应该改为"$mol \cdot L^{-1} \cdot d^{-1}$"或"mol/(L·d)"，并在同一文章中保持一致。

作者在使用单位符号时，应注意字母的大小写问题，其大小应按照国际标准，不应随意更改。另外，论文中的倍数单位，其符号为在原单位符号前加入表示倍数的词头，如"μ"（micro）、"m"（milli）、"k"（killo）等，这类字母一般情况均应小写，且不改变原单位符号的大小写，如 mmol/L（毫摩尔每升）、kPa（千帕斯卡）等。

6.5.2 数字的表达

数字是表示量的相对大小的方式，在 SCI 论文中用于展示实验结果、形成结论，在写作过程中的重要性不言而喻。而很多论文写作者对科技论文中数字的正确使用规则并不了解，以至于很多论文中都出现了错误的表达方式。以下将对数字的规范使用方式进行介绍，供论文写作者参考。为避免混淆，文中所有的"数字"指的是阿拉伯数字，区别于以单词拼写的数字。

首先应注意，论文中数字的有效数字位数与小数位数。有效数字位数和小数位数是数据精确度的衡量指标，前者指的是从第一个非零数字算起到末尾数字为止的数字个数，后者指的是小数点后的数字个数，例如 0.030 的有效数字个数是 2 位，小数位数是 3 位。

用有效数字位数衡量数据精确性的优点在于其不随单位的变化而变化，例如 0.003 kg 和 3 g 两个数据的有效数字都是 1 位。但不能单纯地用有效数字来确定报道数据的小数位数，多数情况下应结合小数位数考虑。例如，0.999 和 1.01 两个数的有效数字都是 3 位，但后者的精确度显然小于前者。

目前主流的英文写作标准中并没有对论文中数据的小数位数有明确、统一的规定。一般来说，数据的有效数字/小数位数取决于工具、仪器以及计算方法的精确度，例如电子 pH 计的度数范围一般为小数点后两位，如 10.36，在报道相应的值时，至少应当精确到小数点后 1 位。对于通过计算得出的数据，应保证 2 到 3 位有效数字，尤其是小数位数较多时也应保证，如 0.0013333 应缩略为 0.00133 或 0.0013，而非 0.001。当数字过大或过小，导致有效数字过多时，可采用科学计数法。

写论文时应该注意应使用阿拉伯数字还是英文拼写的数字。阿拉伯数字直观、有冲击力，有助于读者关注于具体的数字。通常年份、编号、超过 10 以上的数据会用阿拉伯数字表示（但最近也有所有的数据都用阿拉伯数字表示的趋势）。它们在典型使用场景下的注意事项如下：

① 在句子、标题、页眉的开头应使用单词拼写的数字，另外要注意的是，从 21 到 99 的拼写数字，单词之间应使用连字符；100 以上的，百位数字与十位数字之间不需要用"and"。如果无法避免使用阿拉伯数字，应改变句子结构技术性避免。例如：

错误：25 mmol/L is the optimal concentration for the reaction. However, a lower concentration was used to control productivity in this study.

改正：Twenty-five mmol/L is the optimal concentration for the reaction. However, a lower concentration was used to control productivity in this study.

改变结构：Although 25 mmol/L is the optimal concentration for the reaction, a lower concentration was used to control productivity in this study.

② 数字作为构成词组的语素出现时，应用单词拼写出来，例如 zero-order 不能写成 0-order。

③ 用来表示大概比例的分数词，需要拼出单词，但需要精确表达比例的时候，用小数或百分比更好。

④ 序数词，有阿拉伯数字加 th（20 以上 1、2、3 结尾的分别加 st、nd、rd）和单词拼写两种形式。通常来说，1 到 9（含）内的序数词需要以单词拼出，但当这两种形式并列时，都用数字加 th 的格式即可。例如：

It is the fourth floor.

The 29th Summer Olympic Games was held in Beijing.

These are results from 1st to 15th of August, 2018.

⑤ 由于英文的可数名词不会使用量词，所以两个数字会出现连续使用的情况，当两个数字相邻的时候，需用英文拼出其中一个数字，通常的规则按优先顺序有三个：拼出 10 以内的、拼出次要的、不拼出带单位的数字。

错误：The reaction was conducted in 3 100-mL reactors.

改正：The reaction was conducted in three 100-mL reactors.

改变结构：The reaction was conducted in three reactors of 100 mL.

另外，在论文中使用数字时，如果数字之后有单位，应注意数字和单位之间要有空格，但数字与%（百分号）、‰（千分号）、$（美元符号）、°（度）、′（分）、″（秒）之间无须空格，数字与℃（摄氏度符号，英文论文中常写作上标的小写字母 o 和大写字母 C）之间要空格。科学计数法表达的数字，乘号的前后应该空格。表示取值范围时，若需要单位，在数值范围后加单位即可，如"1–2 kg""10–20°""from 10 to 15 min"，但百分数范围，数字宜都加上百分号，如"10%–20%"，以避免产生歧义。

6.5.3 论文中的表达式

表达式是 SCI 论文中常见的组成成分，用于描述物理量之间的关系或化学反应的变化过程。论文中的表达式主要包括数学式和化学式两种，数学式是表示数学关系的表达式，而化学式则是表达化学反应或分子结构的式子。

在正文或补充材料中，数学式和化学式均应编号，且两种表达式不分开编号。编号应右对齐排布，而式子应该居中对齐排布。一个有用的技巧是在 2013 和更新版本的 Word 软件中输入公式时，在公式末尾依次输入"#"、序号、回车键，公式将自动按此方式对齐。

对于较长的表达式，应该换行排布，其编号应该放在最后一行的最右边。表达式换行时，只能在运算符号（+、−、×、÷）和关系符号（>、<、=）处换行，并与上一行的"="后面对齐，如：

$$\frac{d[H_2]}{dt} = k_{H_2,1} S_{1,0} e^{-kt} + k_{H_2,2}(S_{1,0} - S_{1,0} e^{-kt}) \qquad (1)$$

表达式中有一些字符需要解释时，可在表达式后加一个 where 开头的从句，但需要特别说明的是，该从句应理解为公式的从句，而不是一个新的句子，因此"where"的首字母不应大写，更不应开始一个新段落，如：

$$\frac{dS}{dt} = -kS \qquad (2)$$

where S is …

表达式中的表达应保持一致，尤其是在化学式中，同一物质有不同的化学式时，不可切换表达，以免引起读者误解。如：

$$4Fe^{2+} + O_2 + 2H_2O = 4Fe^{3+} + 4OH^- \qquad (3)$$

$$Fe(III) + 3H_2O = Fe(OH)_3 + 3H^+ \qquad (4)$$

其中式（4）中的 Fe(III)应改为 Fe^{3+}，否则不仅不美观，更容易让读者错误地认为其与上文的 Fe^{3+} 是不同的物质。

另外需要特别注意的是，在 Word 中插入公式时，由于默认字体是斜体，需要格外注意表达式的正斜体应遵守 6.5.4 节中的规则，不可随意使用。

6.5.4　量、单位、表达式的正斜体规则

论文中同一个字母或符号以正体和斜体书写时，表达的含义是不同的。SCI 论文对表示量、单位和运算符的字符的正斜体有相应的要求，应当准确运用。下面归纳了 SCI 论文写作过程中，正文和表达式中的正斜体字符的使用场景。

指代数字、变量、点、线、面、图形的字符，应采用斜体。例如数学公式中的未

知数 x、点 P 等。未明确定义的函数用斜体表示，例如某一函数 $f(x)$，反之则用正体。

矢量、张量、矩阵的符号应该用斜体并加粗，如 $\boldsymbol{A}$。

表示物理量的单个符号应该采用斜体，例如反应速率常数 k、质量 m、电压 V 等。但它们的上、下标应根据其本身的写法采用正体或者斜体：下标为描述性质的缩写时，应当用正体表示，如表观反应速率常数 k_{obs} 的下标 obs（observed）、动能 E_{p} 的下标 p（potential）应当为正体；变量或数字等本身为斜体表示的，在下标中也应当是斜体，如定压比热容 C_p 的下标 p，本身是压力变量的符号，应当用斜体表示，又如表示第 i 个数字 x，i 应当用斜体表示，即 x_i。

用符号表示的常量用正体表示，包括圆周率 π、自然底数 e、虚数 i 等。

所有单位均用正体表示，如千克 kg、伏特 V 等。

所有化学式均用正体表示，如硫酸钠 $\mathrm{Na_2SO_4}$，但当其中含有变量时，变量应为斜体，如 $\mathrm{Fe}_x\mathrm{O}_y$。但化学品的名称中，表示构型、取代基位置等的字母或前缀需要斜体，如 *trans*-2,3-dimethylacrylic acid、*p*-nitrophenol、*N*-ethylaniline。

运算符应用正体表示，例如以 a 为底 x 的对数 $\log_a x$ 中的 log、$\sum x_i$ 中的 $\sum$。类似的还有微分 d（如 $\dfrac{\mathrm{d}x}{\mathrm{d}t}$）、偏微分 ∂、三角函数 sin 等。

6.6　论文中的缩略语

在科技论文的阅读和写作过程中经常会看到或者使用缩略语，其目的是便于读者对文章的阅读理解，比较长的单词或短语如果反复出现，不便于读者的快速阅读，所以用缩写更合适。此外，有些词可能多数读者对其缩写形式更熟悉，这些词用缩写形式表达也便于读者理解。本节介绍了论文中词语的缩写规则和常见的缩略语。

6.6.1　论文中词语缩写的注意事项

在 SCI 论文写作中使用缩写时，需要注意以下几点：

① 一个词或词组在文中多次出现才可以用缩写，否则写出全称即可。需要注意的是摘要和正文中的缩写需要分别标注全称和缩写。

② 缩略语在文中第一次出现时需要定义，写出全称并在括号中给出缩写。如果期刊没有特别规定，应该每个缩略语使用时都要先定义。定义之后记得要一直使用缩略语，不要再使用全称。且在一篇文章中，一个缩略语只能代表一个词（组），一

个词（组）也只能用一个缩略语代表，即词（组）与缩略语应该一一对应。

例：The permanganate/bisulfite (PM/BS) process oxidized phenol, methyl blue, and ciprofloxacin at pH_{ini} 5.0 with rates ($k_{obs} \approx 60 -150\ s^{-1}$).

特别地，一些被广泛认可进入公众领域的缩略语（Acronym），不需要定义就可以直接使用，而其全称反而只在解释其含义时才需要使用，例如 DNA、RNA、laser 等词。另外，通用的标准单位通常也不需要定义。

③ 注意缩写的形式。缩略语根据具体单词的性质，可以使用原词语/词组的首字母、辅音字母、单词的前几个字母组成。如果缩写的方式为采用单词的前几个字母，需要在缩写后的词语后加句点，且这种情况的字母大小写需根据原单词字母的大小写决定，例如 Apple Inc.；使用每个单词的首字母或辅音字母缩写的单词，前者可以在每个字母后面加句点（但现在的趋势是不加点，若该名词为机构或组织的名称，无须加句点），后者不需要，两种缩写形式都需要大写，如 United States 缩写成 U.S./US，Carboxymethyl Cellulose 缩写为 CMC。但如果本研究领域的一些专有词汇已有广泛认可的缩略语形式，应忽略上述规则直接采用通用的形式。

④ 避免不必要的缩写。例如，把 mast cell 缩写成 MC。这种用法并不常见，而且意义不大，因为原词组只是两个单音节的单词，MC 虽然减少了一个单词，但仍然是两个音节，这种缩写不但对于快速阅读理解并没有多大作用，反而很可能会因为不知道这个缩写代表什么而减慢阅读速度。

⑤ 避免把词语缩写成已经有特殊含义的词语。例如 mZVI 通常指微米零价铁（micro-scale zerovalent iron），这一缩写已经被广泛认可，在其他论文里就不应当把 modified zerovalent iron 等词缩写成 mZVI，以避免产生歧义。

⑥ 大多数情况下，缩略语的替代对象是名词，如果缩写前是可数名词也是有复数形式的。一般来说，缩略语代表的是名词的单数形式，其复数形式与一般单词无异，在最后加 s 或者加 es 构成，例如 emerging organic contaminants (EOCs)。但实际操作中，似乎很少有加 es 的缩写词，如 bispectral index 经常缩写为 BIS，其复数形式为通常是 BISs 而非 BISes，如果不确定如何处理，可以技术性避免这一问题，例如 BIS 可以用 BIS value 来表示单数，用 BIS values 表示复数。

⑦ 如果缩略语名词前面需要加不定冠词，要根据缩写的读音来决定是用 a/an (元音用 an，辅音用 a)，而缩略语是按字母读出，第一个大写字母是 A、E、F、H、I、L、M、N、O、R、S、X 时，前面用 an；而以 B、C、D、G、J、K、P、Q、T、U、V、W、Y、Z 开头的用 a。

⑧ 除了第③点中提到的被广泛认可的缩略语以外，标题中一律不能出现缩略语。

掌握了上面这几个原则，我们就可以通过恰当地使用缩略语来增加文章的可读性。

6.6.2 SCI 论文中常见的缩略语

下面列举了 SCI 论文中一些常见的缩略语，它们大多数是功能性的词语，用于代替原本较长的词语或词组，其中有部分是直接借用拉丁文词语，此处也将其归类为缩略语，供参考。

① c./ca.，来自拉丁文的 circa，释义：around, about, approximately，大约。

例句：The nuts are cylindrical, ca. 2 mm long.

中文：这些坚果为圆柱状，长约 2mm。

② cf.，来自拉丁文的 confer，释义：compare，参照对比。

例句：These results were similar to those obtained using different methods. (cf. Guan, 2019 and He, 2018).

中文：这些结果与之前用不同方法得到的结果相同（参照文献 Guan, 2019 and He, 2018）。

③ de facto，直接来自拉丁文，释义：in fact，事实上，从事实上来说的。

例句：English is the de facto official language of the United States.

中文：英语是美国事实上的官方语言（虽然没有规定）。

④ etc.，来自拉丁文的 et cetera，释义：and the others, and other things, and the rest，等。

例句：To this class of substance belong mica, porcelain, quartz, glass, wood, etc.

中文：这类物质包括云母、瓷器、石英、玻璃、木材等。

⑤ e.g.，来自拉丁文的 exempli gratia，释义：for example, for instance，例如。

例句：All environment variables (e.g., PATH and TZ) …

中文：所有环境变量（例如 PATH 和 TZ）……

⑥ fig.，释义：figure，图形。

例句：Fig. 4 illustrates …

中文：图 4 说明了……

⑦ in situ，直接来自拉丁文，释义：on site, locally，原位地。

例句：Much of this variability may be reduced by the in situ measurements.

中文：原位测量可以在很大程度上减少这种扰动。

⑧ i.e.，来自拉丁文的 id est，释义：that is, in other words，即是。

例句：The mechanism of these steps might involve hydrogenation (i.e., H-atom addition).

中文：这些步骤的机制可能包括加氢反应（即氢原子加成）。

⑨ No.，释义：Number，数字。

例句：Science and technology are No. 1 productive forces.

中文：科学技术是第一生产力。

⑩vs.，来自拉丁文的 versus，释义：against，以……为对手。

例句：The pH values of the suspensions were measured vs. the dose of added Fe(II).

中文：测定投加 Fe(II)影响下的悬浊液 pH。

⑪ v.v./ vice versa，来自拉丁文的 vice versa，释义：with the order reversed，反之亦然。特别注意该词的用法仅限于指前面提到的两个对象次序调转，结果仍然相同，并不表示前文的条件相反时结果仍然相同。

例句：Their enthusiasm excites you and vice versa.

中文：他们的激情会让你兴奋起来，反之亦然。

⑫ et al.，来自拉丁文的 et a lii，释义：and others，等，以及其他人等。

例句：Chemical structures of products were confirmed by element analysis, IR, MS, et al.

中文：产物的结构由元素分析、红外光谱、质谱等技术进行分析。

⑬ eq.，释义：equation，方程式。

例句：according to eq. 1.

中文：根据式 1。

⑭ w/及 w/o，释义：with、with out，与……一起、没有……。

例句：w/ H_2O_2.

中文：存在双氧水的条件。

6.7 英文论文中的标点符号

6.7.1 英文句子的断句

标点符号是用来标明句读和语气的符号，用来表示停顿、语气以及词语的性质和作用。对于科技论文来说，标点符号可用于区分语义、区隔词语和句子，正确使用标点符号有助于读者了解句子的含义。其中断句是标点符号的重要作用之一，不同类型的句子需要不同类型的标点符号。句子的类型有两种：第一种是独立分句，其特点是有主语和动词，可以独立存在；第二种是从句，其特点是有主语和动词，但不能独立存在。在不同的句型中，所用的标点符号有所不同。以下列举了五种不同的英语句型进行说明。

① 由一个独立分句构成的简单句，对于这种句子没有特定的规范，可根据句子的语气特点进行标点符号的选择。

② 有两个或两个以上独立分句的并列句，对于这些独立分句中间需要使用逗号和并列连词（and、but、or、for、nor、so、yet）连接。

独立分句 [,] 并列连词+独立分句 [.]

例：Road construction can be inconvenient, but it is necessary.

当第二个独立分句需要被强调时，可以用冒号来连接两个句子。

独立分句 [:] 独立分句 [.]

例：Road construction in Dallas has hindered travel around town: parts of Main, Fifth, and West Street are closed during the construction.

当两个独立分句的重要程度相同时，可以用分号来连接两个句子。

独立分句 [;] 独立分句 [.]

例：Road construction in Dallas has hindered travel around town; streets have become covered with bulldozers, trucks, and cones.

也可以根据上下文的逻辑关系选择一些连接词（therefore, moreover, thus, consequently, however, also）连接两个独立分句。

独立分句 [;] 连接词 [,] 独立分句 [.]

例：Doctors are concerned about the rising death rate from asthma; therefore, they have called for more research into its causes.

③ 由独立分句和从句组成的复合句，可以用逗号连接介绍性从句和独立从句。介绍性从句的从属关系词有以下几种：because, before, since, while, although, if, until, when, after, as, as if.

从属关系词+从句 [,] 独立分句 [.]

例：Because road construction has hindered travel around town, many people have opted to ride bicycles or walk to work.

④ 由一个以上的独立分句和两个以上的从句组成的并列复合句，可以用逗

号连接介绍性从句和独立从句。当你想强调第二个从句时，用冒号隔开两个独立的从句。

例：Whenever it is possible, you should filter your water: filtered water is cleaner and tastes better.

当两个分句的重要程度相同时，用分号分隔两个独立的分句。

例：When it is filtered, water is cleaner and tastes better; all things considered, it is better for you.

⑤ 由一个独立分句和一个非必要从句或短语构成的复合句，非必要从句或短语在不改变句子意思或不影响语法规则的情况是可以删除的。非必要从句或短语可以提供额外的信息，但是没有它句子也可以独立存在。

独立分句的一部分［,］非必要从句或短语［,］独立分句的剩余部分［.］

例：Many doctors, including both pediatricians and family practice physicians, are concerned about the rising death rate from asthma.

6.7.2 标点符号的使用

英文论文中的标点符号与中文论文有所不同。首先，英文论文的标点不包括中文中常用的书名号（《 》）和顿号（、）。其次，英文论文的标点通常为半角符号，而使用中文输入法输入时，默认的标点符号是全角符号，因此很多使用中文输入法的作者在写作英文论文时常常误用全角符号，造成排版不美观等问题。这些都是需要规避的错误用法。

（1）逗号（Comma）

逗号用于句子或词汇中不同组分之间的分隔，主要用于以下情况：

① 分隔并列成分，在并列成分中的最后一项前面要同时使用逗号和 and，作为最后两项的区隔。例如"A, B and C"和"A, B, and C"，前者有"A"与"B and C"两个对象并列的歧义。

例：Potassium permanganate (GR grade), sodium thiosulfate pentahydrate (GR grade), phenol (99% pure), and sodium oxalate (AR grade) were purchased from the Tianjin Chemical Reagent Co., Ltd. (Tianjin, China).

② 分隔主从句，需有连接词（and、but、for、or、nor、so、yet）连接。

例：About 100–150 μmol/L H^+ should be generated if no contaminant is present, so the only sinks for Mn(III) are bisulfite oxidation and/or disproportionation to Mn(II) and MnO_2.

③ 对于定语从句来说，限定性定语从句和先行词之间一般不用逗号，但非限定性定语从句与先行词则必须用逗号隔开。

例：This suggests that the PM/BS process may provide more complete oxidation of organics than conventional AOPs, which could be a major advantage of the former, and so will be investigated further in detail in a future study.

④ 分隔句子中的非主要成分，如插入语、同位语等。

例：Another common manganese oxidant, manganese dioxide (MnO_2), has also been used to oxidize various organic compounds including antibiotics, anilines, phenols, steroid estrogens, etc.

⑤ 分隔句与句之间的连接词，如 however、therefore 等。

例：However, very little effort has been devoted to the evaluation of these choices.

注意：在复合句中使用逗号或用逗号来分隔独立短句会造成读者的困惑，这种情况应使用分号。

⑥ 分隔两个或多个描述同一名词的并列形容词。

例：The 1) relentless, 2) powerful, 3) oppressive sun beats down on them.

注意：当描述同一名词的两个形容词不并列，两者顺序不能替换时，不应该用逗号隔开。

例：Polyethylene is an important industrial polymer. （important 和 industrial 顺序不能互换，因此中间不以逗号隔开）

⑦ 分隔地名、日期（月和日除外）和地址。

例：Birmingham, Alabama, gets its name from Birmingham, England.

⑧ 用于化学物质名称或变量中，分隔不同组分。

例1：1,2-dichloroethane

例2：*N*,*N*-dimethylhydrazine

例3：$k_{1,2}$

上述用法中，除了第⑧项外，逗号后面均需要空格。

（2）句号（Period）

英文里的句号位于句子中最后一个单词的右下角，其书写符号为黑圆点"."，区别于中文句号"。"。分隔句子的句号后面通常需要加空格，主要用于以下情况：

① 完整的句子末尾。

例：Hydroxyl and sulfate radicals are known to rapidly oxidize organic compounds at nearly diffusion-controlled rates.

② 句子片段的末尾。

例：Experimental Procedures.

③ 部分缩略语的末尾。

例1：i.e., second-order rate constants

例2：Manganese dioxide has also been used to oxidize various organic compounds including antibiotics, anilines, phenols, steroid estrogens, etc.

需要注意的是，如果带句号的缩略语位于句末，无须再次使用句号，但如果该缩略语后需要使用逗号，不应当省略逗号：

不正确：He is a faculty at Tongji Univ..

正确：Periods are used with most lowercase and mixed-case abbreviations, such as a.m., etc., vol., Inc., Jr., Mrs., Tex.

④ 用于网址和电子邮箱地址中。

例1：The Supporting Information is available free of charge on the ACS Publications website at DOI: 10.1021/acs.est.5b03111.

例2：E-mail: ××××@tongji.edu.cn.

（3）分号（Semicolon）

分号的分隔属性比逗号强，比句号弱，后面需要空格，主要用于以下情况：

① 两个并列的句子之间。

例：Therefore, the objectives of this study were to (1) investigate the kinetics of organic contaminant degradation by PM/BS over a range of relevant solution conditions; (2) explore the possibility of oxidizing permanganate-refractory contaminants by the PM/BS process.

② 连接由连接副词引导的分句，主要指后一句话开头是由 nevertheless、thus 等连接副词引导的分句。

例：Therefore, compared to its counterpart without purging with nitrogen, the consumption of HSO_3^- by oxygen was inhibited; thus, more Mn(III) was reduced by bisulfite to Mn^{2+}.

③ 连接由逗号分隔的成分。

例：Separation was accomplished with a UPLC BEH C18 column (2.1 × 100 mm, 1.7 μm; Waters) at 35 °C.

需要注意的是，由于分号的分隔作用比句号弱，分号之内（以分号分隔的短句中）不能有句号。

（4）冒号（Colon）

冒号用于以下情况：

① 用于补充说明。

例：The Supporting Information is available free of charge on the ACS Publications website at DOI: 10.1021/acs.est.5b05207.

② 用于介绍一系列并列事物前。

例：The generated Mn(III) was then consumed by the following three reactions: (i) reduction by HSO_3^-, (ii) reduction by target compounds, and (iii) disproportionation.

③ 用于表示比例，注意只用在两个数字之间。

The mobile phase was comprised of methanol–0.1% formic acid aqueous solution (40:60) for phenol and methanol–water (60:40) for BPA, respectively.

注意：

① 冒号后的第一个字母不要大写，除非是专有名词，但冒号后面是独立的句子时，其首字母可以大写。

② 英文的冒号前应该是一个完整的句子。

例：The rate constants for the reaction are: 3.9, 4.1, 4.4, 4.6, and 4.9. （该句中的冒号应去掉）

③ 英文冒号后需要空格，但表示比例的冒号不需要。

（5）撇号（Apostrophe）

① 用于名词所有格。

例：Chemical pathway and kinetics of phenol oxidation by Fenton's reagent.

② 用于一些字母和以句点结尾的缩写词的复数形式。但如果该词语直接加 s/es 不会引起歧义，为避免与所有格符号混淆，不应当使用撇号，另外一般缩写词和年份的复数不用撇号。

例1：There are two *S*'s in the equation.

例2：EDCs, 1980s

③ 被用来构成缩写（如 can't、wouldn't）。但在学术论文中，通常不使用这种缩写。

注意：数学中用于区分变量、化学名称中用于表示取代位置的撇号（" ′ "，the prime symbol）与本节所说"撇号"（apostrophe）不是相同符号。

例：Reductive quenching of the excited states of ruthenium(II) complexes containing 2,2′-Bipyridine, 2,2′-Bipyrazine, and 2,2′-Bipyrimidine。

（6）省略号（Ellipses）

英文中的省略号由三个小黑点组成。论文文本中一般不用省略号，必要的省略可用"etc."和"et al."表示。"etc."相当于"and so on"，常用于省略事物；"et al."相当于"and others"，常用于省略人名。需要使用省略号时，在 Word 软件中键入三个句点，软件会将其自动转为省略号。

（7）括号（Parentheses）

英文论文中的圆括号会比其他括号用得多，主要用于句子内容的补充说明。

① 括出例证、引文出处、参见、补充说明等解释性文字。

例1：Because sulfite and bisulfite (SO_3^{2-}, HSO_3^-) are species that could be applied in environmental engineering processes, the effect described here could become the basis for a novel advanced oxidation process (AOP) involving activation of permanganate.

例2：DMSP is then cleaved enzymatically into DMS and acrylate (Turner et al., 1988).

② 括出表示列举的数字或字母序号。

例：The generated Mn(III) was then consumed by the following three reactions, including: (i) reduction by HSO_3^-, (ii) reduction by target compounds, and (iii) disproportionation.

③ 括出可供选择的内容。

例：… identify the intermediate oxidant(s) responsible for the enhancement of contaminant oxidation in this process.

④ 用于限定其前面的词语，常见于元素化合价的表示。

例：The initial portions of Se(VI) removal data sets were described by pseudo-first-order kinetics.

注意：在使用括号的时候，括号里面的补充信息必须在内容和语法上都要与前面的内容对应。若括号内为完整句子且置于另一句子中，则括号内的句子不用大写首字母，句末也不用句号，若该句子不在另一句子中，则需要大写首字母，句末也需要用句号。对于上述③、④两种情况，括号里的内容应视作是前一词语的一部分，不应在括号前用空格隔开。

方括号可用于以下情况：

① 表示化学上的物质浓度。

例：$[Fe^{3+}] = 2\ \mu mol/L$

② 标注某些杂志的参考文献（以数字表示时）。

例：[3] K.S. Johnson, Manganese redox chemistry revisited, Science 313 (2006) 1896–1897.

（8）连字符/横线/减号（Hyphen/Dash/Minus sign）

连字符、横线、减号是看起来很相似但形式和用法有所区别的符号，其中横线又分为短横（En dash）和长横（Em dash）。

连字符、短横、长横、减号分别为：-、–、—、−。它们形式相近，但在不同字体情况下均有区别。在英文论文的常用字体 Times New Roman 下，连字符最短，长横最长，短横和减号长度相似，容易混淆，但减号的高度与加号"+"的高度完全平齐，而短横较低。

"-"，连字符（Hyphen），只用于连接单词构成复合词。

例：DMPO (5,5-dimethyl-1-pyrrolidine-*N*-oxide) was used as the spin-trapping agent in the electron spin resonance (ESR) experiments.

"–"，短横（En dash），以下情况可使用。

① 表示时间、日期、空间等范围。

例1：Figure c–f, 10–20 s

例2：Zhang, J.; Zhang, Y.; Wang, H.; Guan, X. H. Ru(III) catalyzed permanganate oxidation of aniline at environmentally relevant pH. J. Environ. Sci. 2014, 26, (7), 1395–1402.

当数字有负数，或包含修饰数字的符号时使用"to"，不用短横；当有介词"from"或"between"时，不用短横。

中文中常用"~"表示范围，但"~"在英文中表示的是"about"（大约）的意思，例如~9.0（约为9.0）。因此在英文论文中，此种用法下的"–"绝不能用"~"表示。

② 用于两个等价词的复合。

例1：Structure–activity relationships

例2：Oxidation–reduction potential

③ 化学键。

例：Carbon–carbon bond

"—"，长横（Em dash），即英文中的破折号，对前面的词加以说明，但不用来分离短语或非限制性从句。后接的单词不大写，除非是本身大写的字母。

All three experimental parameters—temperature, time, and concentration—were strictly followed.

"−"，减号（Minus sign），用于等式中表示减法或负数。

例：$dC/dt = -kt$

注意：除等式中的减号外，上述所有符号，包括表示负数时的减号，前后都没有空格。以上符号容易混淆，写作时应格外注意。

例：Contrary to the excited-state situation, metal–metal bonding interactions in the ground states are usually weak.

上述例子中，"excited-state"中的"-"为连字符，"metal–metal"中的"–"为短横。一个简单的区分连字符和短横的方法是，如果连接以后两个词语构成了有完整含义的单词，如"blue-green"，则应该用连字符"-"，若只是简单连接两个并列组分，则应该用短横"–"。

在 Word 中打出这些符号的方法：Hyphen，键盘上＋号和 0 键中间的符号；En dash，输入 2013，按下 Alt+X；Em dash，输入 2014，按下 Alt+X；Minus sign，输入 2212，按下 Alt+X。

另外，上述符号也可通过"插入"选项卡中的"符号"进行插入。

（9）斜线（Slash）

① 表示"或者"。

例：In the presence of DOM, the halide species/radicals can react with DOM to produce HDBPs.

② 表示比例，此时也可使用冒号。

例：Although the utilization rate $(1/\theta)$ of Mn(III) varied with pH_{ini} (derived from the λ/θ), there was a perfect correlation between λ/θ and the amount of phenol generated at various pH_{ini} levels.

③ 连接混合物的组分，也可用 en dash。

例：The permanganate/bisulfite (PM/BS) process oxidized phenol, ciprofloxacin, and methyl blue at pH_{ini} 5.0 with rates that were 5–6 orders of magnitude faster than those measured for permanganate alone.

注意：斜线不能用来连接两个独立的句子。

（10）注释符号（Marks for footnotes）

注释符号是 SCI 论文中常见的一类符号，它们常用于作者单位的标注、图表中词语的注解等，主要包括"*"（星号，asterisk）、"†"（剑标，dagger）、"‡"（双剑标，double dagger）、"§"（分节符，section sign）等。在用于论文作者的标注时，"*"常用于通讯作者的标注，而上标的"†""‡""§"等常用于作者单位的标注。用作该用途时，这些符号前后均不需要空格，即使这些符号前后有逗号，也无须空格。如：

例 1：Xiaohong Guan,*,†,§

例 2：†State Key Laboratory of Pollution Control and Resources Reuse…

例 3：§Shanghai Institute of Pollution Control and Ecological Security…

对于表格中的词语的注释，也常用上标的英文斜体字母"a"和"b"等表示，其空格规则与上述符号相同，均不空格。

6.7.3 标点符号的空格规则

标点符号前后空格的使用是论文写作中经常出错的问题，需要作者格外留心，因此特别将标点符号的空格规则总结如下，见表 6-5。

表 6-5 英文标点符号的空格规则

标点符号	用法	空格规则
逗号（,）	逗号	后面加空格
	用于数字位数的分隔	不加空格
	用于单词、变量及它们上下标中的分隔	不加空格
句号（.）	句号	后面加空格
	小数点	不加空格
	用于缩略语末尾	前面无空格，后面则取决于原单词后是否有空格
	网址、邮箱中	不加空格
分号（;）	—	后面加空格
冒号（:）	冒号	后面加空格
	比例符号	不加空格
撇号（'）	—	不加空格
省略号（…）	—	不加空格

续表

标点符号	用法	空格规则
括号（()）	括出解释性文字	左括号的前面加空格
	括出字母序号	左括号的前面加空格
	括出前面词语的一部分（详见上一节）	不加空格
连字符/横线（-/–/—）	—	不加空格
波浪线（~）	在数字前表示"大约"	不加空格
斜线（/）	—	不加空格
数学符号（+/−/×/÷/±/>/</=）	在论文句子中作为数字或词语的一部分，如"−1"	不加空格
	上下标中的符号	不加空格
	在 Word 软件的公式编辑器中	不加空格
	在论文句子中位于两个量或数字之间，如"90 ± 1"，或句子中的表达式中	前后加空格
注释符号（*/†/‡/§）	单个注释符号	不加空格
	数个注释符号并列，逗号隔开	注释符号和逗号前后均不加空格

6.8 参考文献格式的注意事项

第 5 章已经对 SCI 论文中参考文献做了介绍，由于论文的参考文献部分是写作过程中最容易出现格式错误的地方之一，本小节将以期刊文章的引用格式为例，对该部分需要注意的细节问题进行详细介绍，作者在引用其余类型的参考资料时也应对照本小节的内容，保证其格式的规范性。

6.8.1 论文中的参考文献标记

论文在引用参考文献时，首先要在文中引用的部分（可以是词语、句子、方法等）进行标记，标记的方式有：

① 数字上标，如：…[1]（注：省略号表示引文，下同）。使用该形式时，引用句子时，标记应该在句号（或逗号）后，引用词语时，若词语后有引号、逗号，也应放在逗号、引号之后，如：…such as "term A",[1] "term B",[2] and "term C"[3]. 该

标记与英文之间通常没有空格，引用多篇文献使用逗号时，逗号后没有空格，如：…[1,2]。

② 括号加斜体数字，如：… (*1*)。注意左括号和引文之间有空格，引用句子时，该标记应在句号（或逗号）前，引用多篇文献使用逗号时，逗号后面有空格，如：… (*1, 2*)。另外，英文论文中较少用方括号标注参考文献。

③ 括号加作者、年份，引用同一作者发表在同一年份的多篇文献时，可在年份后加字母 a、b、c 等进行区分，作者数为 2 人或 1 人的，须将作者的姓全部列出，两个作者名之间以 and 连接，如作者数为 3 人或以上的，只需列出第一作者，其余作者用 "et al." 省略，如：… (Chen et al., 2011)、… (Zhao and Li, 2003)。注意左括号和引文之间有空格，引用句子时，该标记应在句号（或逗号）前。

论文的语句中有时需要直接出现作者的名字，此时，作者名字的写法同上述③中的方式，并且引用标记应直接标于作者的名字之后，对于第三种标记方式，只需标出年份即可，如：

① …described by A et al.[1]…

② According to B (*2*), …

③ C and D (2020) reported…

使用①、②两种方式的文章中，如需对具体的参考文献进行讨论，可用如"refs 1 and 2"的形式，其中参考文献标记不用上标、括号或斜体。

另外，若参考文献标记在表格中作为单独一列出现，即表格中有单独的参考文献列，使用①、②两种方式的文章可直接标记参考文献编号，不需要上标、括号、斜体，引用多篇文献使用逗号时，逗号后面有空格；使用第③种方式的，与其在正文中的形式一样，且引用多篇参考文献时，使用同一组括号。如果标记出现在表格中，但只出现在某一单元格里，则与其出现在正文中的格式一致。

除了上述三种典型的标记方式外，部分期刊可能还有特殊的规定，如某些期刊只用一个标记表示多篇文献，并在参考文献列表中以(a)、(b)、(c)等序号区分。作者在投稿前应该仔细查阅 Author Guidelines，注意事项同上述几种情况，包括引用标记与引文之间是否有空格，引用标记在句号（或逗号）前或后等，作者须严格按照目标期刊的要求并保持全文统一。

6.8.2 参考文献列表的格式

在文章末尾的参考文献列表中，文献的排列方式一般有按其在正文中的出现顺序排列和按作者名字的首字母排列两种，采用 6.8.1 节中第①、②种标记方式的，一般对应前者，采用第③种方式的，一般对应后者。需要注意的是，按出现顺序编号和排列的方式，需要将图、表和正文等部分的参考文献统一按出现顺序编号排列，不可先编完正文再编其他部分。

参考文献列表中的参考文献可包括作者、标题、期刊名、期号、卷号、起止页码等，这些部分根据不同期刊的要求可能有所不同，但无论何种要求，在写作时都应对照目标期刊的 Author Guidelines，采用统一且正确的表达。一般容易出错的部分主要是作者、标题和期刊名。

（1）作者名

不同期刊对作者名写法的要求不同，其要点主要有：

① 作者列表是否应该写全，部分期刊只要求列出前三个作者，其余的用"et al."省略，部分期刊要求全部列出。

② 作者的姓名顺序。

③ 作者名字的缩写。中国人的三个字的名字，以姓在前名在后的形式为例，例如 Dong（姓）Hongyu（名），在参考文献中可以写成"Dong, H.Y."（句点后无空格）或者"Dong, H."，一般推荐第二种形式，但要保持一致，即不能将两种形式混用在同一篇论文中；如果是原文作者名为带连字符的形式，如 Dong Hong-Yu，则推荐缩写为 Dong, H.-Y.（句点后无空格）。有中间名的外文名字，例如 Tratnyek（姓） G.（middle name） Paul（first name）可写成"Tratnyek, P. G."（句点后有空格），也可写成"Tratnyek, P."。

（2）标题

① 标题的正斜体和上下标应与原文保持一致。文献管理软件直接导入的参考文献标题常常不带正斜体和上下标格式，应格外注意。

② 标题中字母的大小写。标题字母的大小写有以下三种格式：

格式一：标题首字母大写，实词首字母大写，虚词（介词、冠词和连词）首字母小写。但是国际主流的多个出版物标准均规定超过一定字母数的单词无论词性都要大写，如 APA Style（美国心理学协会写作指南）规定 4 个或 4 个以上字母组成的单词都要大写，因此也常见比较长的虚词大写的情况。此外，有固定大小写的专有名词和单位，在标题中要保持原来的大小写形式，如 pH、mg/L 等。

例：Overlooked Role of Sulfur-Centered Radicals During Bromate Reduction by Sulfite

格式二：第一个单词的首字母大写，其余均小写。

例：Overlooked role of sulfur-centered radicals during bromate reduction by sulfite

格式三：全部字母均大写。

例：OVERLOOKED ROLE OF SULFUR-CENTERED RADICALS DURING BROMATE REDUCTION BY SULFITE

目前期刊中出现最多的格式是第一种，根据不同期刊的格式要求，选择其中一种大小写格式即可。

（3）期刊名

期刊名最常见的错误是在同一参考文献列表内有多种形式。期刊名格式应对照目标期刊的 Author Guidelines 中的参考文献格式，并注意以下要点：①期刊名是否要求缩写；②期刊名如果缩写是否带有句点，带有句点的缩写与后面内容分隔的标点符号是什么；③期刊名是否有加粗或斜体之类的特殊格式。期刊名的缩写可使用相应的工具查询，最常用的有：CASSI、Web of Science。

6.9 论文的一致性表达

一致性原则是科技论文写作中应该遵循的重要原则。在保证文稿内容的科学性和正确性的基础上，需要树立一致性意识，一致性不仅有助于加强论文的规范性，还有助于读者对于论文的理解。表达一致性不仅能体现作者在其研究领域的用词专业性，更能从细节处体现作者严谨踏实的学术态度，也能增加论文的可信度。科技论文的一致性主要体现在用词、表达等几个方面，但并不只限于这几个方面，本章仅列举了在写作过程中比较容易出现的一致性问题。

6.9.1 文本表达的一致性

在英文论文中，同一种物质通常可以用不同的形式来表示，如"HO·""·OH"与"HO·"含义相同，都表示羟基自由基，而有些相同物质的不同表达形式的含义并非完全对应，如"Fe(III)"与"Fe^{3+}"都可以用来表示三价铁，前者可表示任何形式的三价铁，而后者只表示离子态的三价铁。作者应该弄清楚不同表达的含义，并在同一篇文章中，对于同一种物质，使用统一的表达方式，以免引起歧义。

错误案例：Fe(VI) has been proposed to react with (in)organic compounds via one-electron or two-electron transfer mechanisms. For example, the reaction of ferrate(VI) with phenol produces perferryl(V) and phenoxyl radicals as primary products.

"Ferrate"与"Fe(VI)"都可以表示六价铁，同时"Ferrate(V)""Perferryl(V)"与"Fe(V)"都可以用来表示五价铁，写作时我们要保证用词的一致性。

在 SCI 论文中，同样的意思可用不同的方式表达，特别是在论文图表的题名中，往往会需要相同含义的重复表达，这时候表达的一致性可以增强论文的规范性。

错误案例：…in the reaction of I^- (25 μmol/L)…

…Experimental conditions: $[I^-]_0$ = 25 μmol/L…

在上面的例子中"I^- (25 μmol/L)""$[I^-]_0$ = 25 μmol/L""25 μmol/L of iodide"等写法均可以表示一定浓度的碘离子，为了表达的简洁，图例和正文中可以使用不同的表达，但正文中应该使用同一种表达方式，同一幅图的图例中也应该使用同样的表达方式。

物理量的表达也应该统一，例如物理量的缩写、单位、含义等。如下面的例子中，虽然"SiO_2"与"Si"表示了相同的硅的物质的量，但二者表达的相应物质的质量却是不同的，为了避免引起不必要的歧义，应该选用一种被大家广泛认可的形式统一表达。

错误案例：

Fig. 1. The effect of molar ratio Fe^{3+} to SiO_2 on the coagulation property of prepared PSFA.

Fig. 2. The effect of molar ratio Al^{3+} to Si on the coagulation property of prepared PSFA.

论文中用到的人名也应该遵循一致性原则，由于书写习惯的不同，中文和英文中名字的姓名先后顺序有所不同，这就导致在用英文书写中文姓名时"姓-名"和"名-姓"的结构都是允许的，但是在一篇论文只能选择其中一种结构使用，使用多种结构会导致读者对所使用名字的误解（例如"Guo Li"，无法判断其是郭丽还是李国）。

论文的图名、参考文献等内容的规范格式有多种。在保证规范表达的前提下，同一篇文章中需要保证所用格式应该一致。

错误案例：

Figure 3. ××××

Fig. 3. ××××

以上两种方式（"Figure 3." "Fig. 3."）都是图名正确的书写格式，但在同一篇论文中，无论是正文或者图名里，都应根据期刊要求，采用同一表达方式，如果没有明确要求，应该选取其中一种表达方式。

6.9.2 图表的一致性

图表是一篇论文最直观的表达，在保证每张图直观、漂亮的同时，要考虑到整篇论文用图的协调、一致。图表的色调、形式、文字的字体、文字的大小、坐标等特征应该保持一致，图例应该按照图例的颜色或者形状有规律地排序，不应该毫无章法。为了使读者更好地理解图意，在一篇论文中同一种条件或者同一种物质应该用同种颜色或者相同形状的图例表示（图6-2～图6-4）。

错误案例：

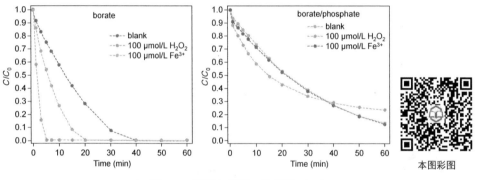

图 6-2　插图中的不一致错误（一）

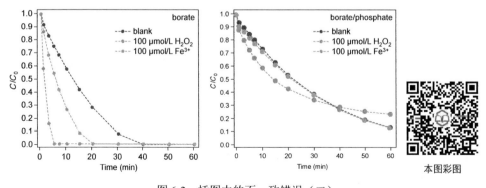

图 6-3　插图中的不一致错误（二）

正确案例：

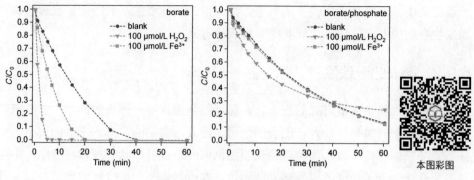

图 6-4　保证一致性的插图案例

6.10　论文投稿前的检查

6.10.1　投稿文件

不同期刊投稿的要求不一样，应按照目标期刊投稿系统的要求准备相应的文件，详见 6.2 节。例如有的期刊要求插图（Figures）与正文分开，而有的期刊可接受二者放在同一文件中，有的期刊要求 Highlight 文件，有的期刊不要求。

6.10.2　正文、支撑材料、投稿信等文件里的标题

① 标题是否对应最新的文章内容。

② 标题是否含有缩写，标题一般要求所有的短语都写全称（非常通用的缩写除外，如"DNA"等）。

③ 标题的大小写是否正确，格式要求同参考文献的标题大小写规则，详见 6.8.2 节。

6.10.3　作者名字和单位

① 检查作者名字和单位的拼写。

② 检查单位的顺序、作者和单位的对应。

6.10.4 字数要求

① 正文的字数按照期刊的计算方式计算，并满足期刊的要求。具体的要求需查阅期刊的 Author Guidelines。

② 正文 Abstract 部分是否满足字数要求。大部分期刊单独限制了 Abstract 的字数。

③ Elsevier 期刊要求 Highlight 文件中的每一条不超过 85 个字符。注意此处指的是包含空格在内的字符数，而不是单词数，即 word 里"审阅"选项卡的"字数统计"中的字符数（计空格）的统计内容。作者需要仔细检查。

④ 其他文件的字数是否满足要求，如有的期刊要求 100 字以内的"Novelty Statement"。

6.10.5 正文、图表、支撑材料的版式检查

① 文本内容应包含行号和页码（Author Guidelines 特别要求不标行号的除外）。

② 图表应有编号。

③ 检查正文分节的数字序号是否有错误。

④ 论文插图不应占大于一页的篇幅，插图与图名、表格与表名不应处在不同的页面。

6.10.6 正文、图表、支撑材料表达的检查

① 图的数量是否符合要求。

② 图的顺序应与其在正文中提到的顺序一致，检查每个图表的内容，确保正文提到正确的图表。

③ 缩写首次出现时应有全称，摘要中出现过全称的缩写在正文中出现时也要再次标注，缩写后避免全称和缩写交替出现。

④ 变量及其运算符的正斜体和大小写是否正确。正斜体的运用详见 6.5.4 节。变量的大小写应正确运用，如 pH 中的"p"和"pK_a"中的"p"应该小写，"H"应该大写，"K"应该大写并斜体。

⑤ 单位是否正确书写。单位中的特定字符不能随意改写，如"μ"不能写为"u"，"Å"不能写为"A"。字母大小写应按照国际标准，切忌随意更改。组合单

位应正确组合，统一表达，详细规则见 6.5.1 节。

⑥ 数字和单位之间应有空格（%、‰、°、′、″除外）。

⑦ 数字的有效数字位数是否正确。

⑧ 上下标是否正确标注。

⑨ 英文论文中不应出现全角的标点符号，写作时注意关闭中文输入法。

⑩ 标点符号前后是否正确使用空格，详见 6.7.3 节。

⑪ 连字符、横线、减号是否正确使用。注意英文中表示范围的短横"–"不能用中文中常用的"～"，短横和减号（"–"）不是同一个符号，详见 6.7.2（8）。

⑫ 参考文献格式是否统一且满足目标期刊要求，检查项包括：i. 参考文献中的作者名的缩写形式；ii. 参考文献标题是否使用统一的大小写形式；iii. 参考文献标题中的斜体、上下标格式是否正确；iv. 参考文献中的期刊名是否使用统一的缩写形式，可能的形式有不缩写、加点的缩写、不加点的缩写。详见 6.8 节。

⑬ 检查文章中对同一对象的命名、单位等是否一致。

第 7 章 SCI 论文投稿指南

论文的发表不仅有利于促进学术思想的交流，推动科学的进步，同时也能体现科研人员自身的科研能力。而投稿作为科技论文发表的必经步骤，其中所包含的诀窍也不容小觑。本章将以国际期刊的投稿为例，依次介绍如何选择合适的 SCI 期刊、如何撰写 Cover Letter 和如何回复审稿意见。

7.1 期刊的选择

格林威治大学的研究教育发展高级讲师凯伦·史密斯说过，许多论文被拒稿的原因并非是有不可弥补的逻辑缺陷，而是其研究方向与所投稿期刊的研究领域不相符。然而，如今期刊的种类繁多，在数以万计的期刊中，快速找寻合适的期刊并非易事。在选择期刊时，首先应考虑导师的意见，导师（通讯作者）应当在该过程中发挥决定性的作用；其次，研究生也应掌握一些选择期刊的技巧，这样才能大幅提高选刊效率。

7.1.1 借助选刊工具初步筛选

在选择国际期刊时，我们可以借助的选刊工具有以下几种。

（1）小木虫 SCI 期刊点评

在小木虫 SCI 期刊点评平台上，研究人员可以根据学科类别和研究方向对各类期刊进行分类，从而获得相关领域期刊的影响因子、出版周期、审稿速度、版面费等信息。此外，在每个期刊的点评列表中，研究人员还可以浏览曾向该期刊投稿的学者的经验，从而获得关于该期刊的更详细的信息（图 7-1、图 7-2）。

（2）Edanz Journal Selector

利用 Edanz Journal Selector，研究人员可以根据研究领域、关键词或摘要对符合要求的期刊进行快速筛选和排序，同时获得相应期刊的影响因子、发展趋势等诸多信息（图 7-3）。

图 7-1　小木虫 SCI 期刊点评平台页面

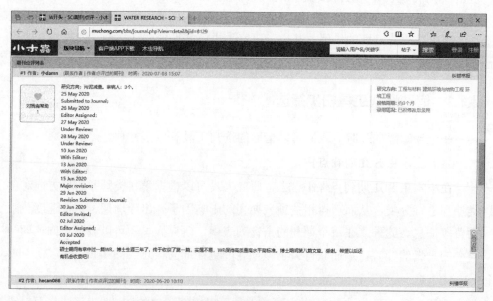

图 7-2　小木虫 SCI 期刊点评列表页面

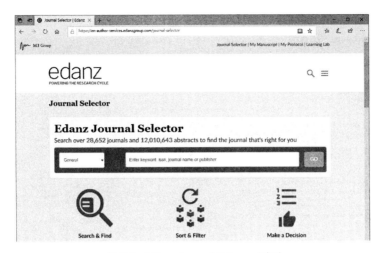

图 7-3　Edanz Journal Selector 页面

（3）Journal/Author Name Estimator (JANE)

JANE 是一款非常经典的选刊工具，研究人员只需将论文的标题、摘要或关键词输入到检索框中并勾选出相应的偏好，该工具就会自动检索并推荐相关的期刊。推荐列表将按照与论文的相关程度进行排序并提供推荐期刊的影响力信息。此外，该列表还会提供各期刊中相近研究方向的文献以帮助研究人员进一步了解各期刊的风格和特点（图 7-4、图 7-5）。

图 7-4　JANE 页面

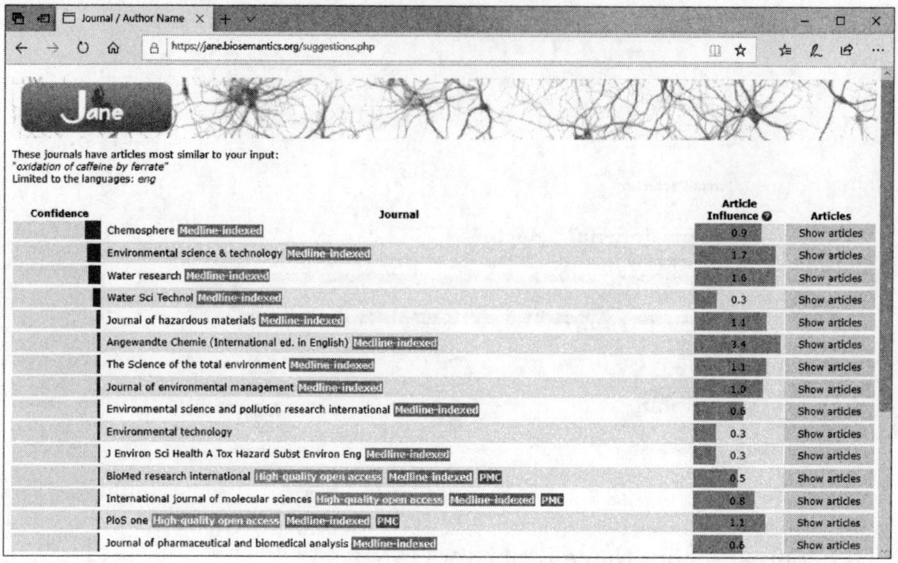

图7-5 JANE 选刊结果页面

（4）JournalFinder

JournalFinder 是爱思唯尔旗下的一款选刊工具，研究人员可以根据论文题目、论文摘要、关键词及研究领域匹配出相关的期刊。匹配结果可以分别根据内容的相关性、期刊的影响因子、审稿周期、文章接收率等进行排序（图7-6、图7-7）。

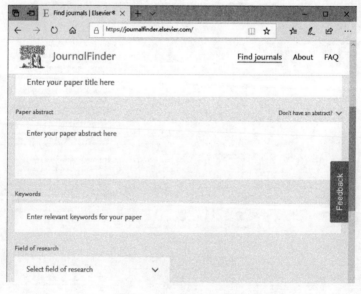

图7-6 JournalFinder 页面

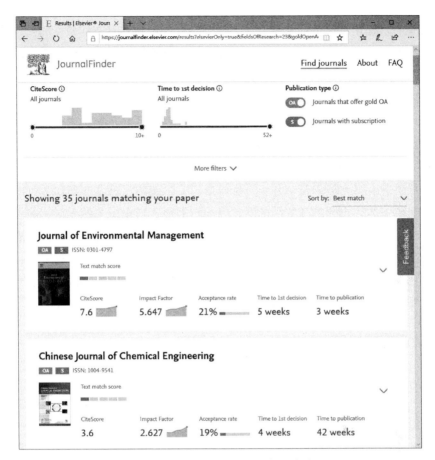

图 7-7　JournalFinder 选刊结果页面

7.1.2　根据论文中的参考文献选择

科研人员在进行选题、调查研究以及撰写论文的过程中都要参阅大量的文献资料，这是 SCI 论文的基础和依据。因此 SCI 论文中往往包含了一定数量的参考文献，而参考文献的数量和质量也能从某种程度上反映出论文作者的科研能力和论文的学术水平。根据论文所引用的参考文献选择"门当户对"的拟投稿期刊也不失为一种高效之举。

众所周知，某学科的权威专家及其科研团队常占领着该学科研究的前沿阵地，他们往往保持着严谨踏实的科研态度，学术成果丰厚并多为世人瞩目。而刊载这类论文的期刊往往具有学术水平高、创新性强的特点。若论文所附的参考文献多出自这类期刊，说明作者对该学科的前沿领域有所掌握，擅于利用该学科领域高水平的、真正有价值的文献，引用的观点、理论大多具有权威性和代表性，该论文所涉及的研究范围与该类期刊的收录偏好高度契合，同时也很可能具有相当的学术水平，故而可以考虑选择这类期刊投稿。相反，若引用的文献多出自较低层次的期刊，说明该作者所从事的研究无须大量的权威理论的支撑，研究的起点较低，该论文在深度和创新性方面可能略逊一筹。此外，这也可能从某种程度上反映出作者较少参阅或难以读懂那些高水平的、真正有价值的文献，其当前的科研能力和所撰写的论文可能与这类层次相对较低的期刊更匹配。

当然还需值得一提的是，并不是提升参考文献的质量就意味着作者可以从这些参考文献中选择相应的高水平的期刊投稿。把那些与论文主题无密切关系或不相关的权威专家、学者的文献也著录上去或是过多堆砌参考文献，则会有凑数之嫌，反而会反映作者不善于提炼，抓不住研究的重点。因此作者在利用参考文献选择期刊时，应当充分比对自己和他人的研究，客观地定位论文的学术水平，切忌好高骛远，否则会浪费大量的时间和精力。

7.1.3　确定拟投稿期刊时所需考虑的因素

当研究人员利用选刊工具对数以万计的期刊进行筛选或根据自己所撰写的论文所引用的参考文献确定了可供选择的投稿期刊后，往往可以将期刊的选择范围缩小到几个特定的期刊上。此时，研究人员就需要根据科技论文的内容和创新程度做出自己的判断，从而选择合适的期刊。在确定拟投稿期刊时一般需要综合考虑以下几个因素。

（1）论文的内容及结构是否符合拟投稿期刊的要求

各类期刊会在"投稿指南"中详细介绍本期刊收录的论文的类别及其所涉及的研究领域。研究人员需要在详细阅读"投稿指南"和"作者须知"的基础上，精读该期刊近几期的论文目录和相关论文，从而确定该期刊的收录偏好。比如同是水污染控制领域的期刊，有的期刊重视新技术的应用效果，而有的期刊则重视新技术所涉及的机理；再比如有的期刊要求论文内容全面深刻，而有的期刊则要求论文短小精悍。还要注意的是综述论文，很多期刊虽然发表这类论文，但大部分是通过期刊编辑约稿，而不接收作者主动投稿。因此研究人员需要根据文章的内容和结构慎重地选择拟投稿期刊。

（2）论文的创新程度是否和拟投稿期刊的平均水准相当

研究人员需要和同行一同探讨，对论文的创新性做出一个客观、合理的评估，同时结合本专业已经发表的论文、该论文所引用的参考文献，判断该论文在创新程度上达到了什么层次。在尽可能选择高水平期刊的同时确保论文能有较高的录用概率。

（3）期刊的学术影响力

研究人员可以充分利用学术交流的机会，了解各位同行对研究领域内期刊的认可度，了解哪些学者曾在该类期刊上发表过具有高影响力的学术论文。除此之外，期刊的总被引频次、影响因子和收录该期刊的数据库类型也是判断期刊学术影响力的一个重要指标。

（4）期刊的审稿周期和论文发表所需的时间

不同期刊的审稿周期在一周到半年不等，期刊的审稿周期和论文发表所需的时间越短，意味着论文中所提及的新观点、新理论等越早为人们所知。对于一些强调时效性的研究，研究人员在选择期刊时应当尤其注重拟投稿期刊中论文发表所需的时间。在大多数期刊的主页上都可以找到该期刊的审稿周期。不过即便是同一个期刊，审稿周期也不是固定的，当遇到一些特殊的情况，如补充实验等耗时比较长的情况，整个审稿周期会更长，所以期刊会提供一个平均的审稿时间。除此之外，研究人员还可以根据该期刊所发表的论文上标注的投稿时间（Submitted Date）、接收日期（Accepted Date）和见刊时间（Published Date）来推算整个投稿周期所需的时间。

其实，拟投稿期刊的选择不仅仅是投稿之前的必经步骤，它更应该贯穿于整个科学研究的过程中。在科学研究和学术交流中，不断整理自己专属的潜力期刊列表可以帮助研究人员做到事半功倍。

7.2 投稿信的撰写

Cover Letter 是作者在投稿时递交给编辑的信件。它既可以帮助编辑快速了解文章的基本信息，从而快速地寻找合适的审稿人，也是初步评判论文是否能够被接收的重要依据。

7.2.1 投稿信的内容

（1）初次投稿的内容

初次投稿的 Cover Letter 中往往需要包括以下几部分的内容：

① 期刊编辑的姓名：称呼期刊编辑可以使用"Dear Dr.×××"。如果作者不知道期刊编辑的姓名，可以直接使用"Dear editor"。由于很多期刊的编辑为女性，为了避免不必要的误会和麻烦，切忌使用"Dear sir"。

② 投稿论文的标题：论文标题一般以斜体标出。

③ 投稿论文的类型：作者需要在 Cover Letter 中明确指出投稿论文的类型，如 Full Paper、Letter、Review 或是 Communication。

④ 论文的简介：这是 Cover Letter 中最为重要的一部分。在此部分，作者需要在详细阅读该期刊的"投稿指南"的基础上，用简洁且具有说服力的语言向编辑介绍本文研究的背景、研究内容、具有创新性的发现、论文可以在期刊上发表的原因（即论文发表的意义）以及论文内容与该期刊领域的相关性等。为了使编辑能够在短时间内将焦点聚集在论文核心内容的介绍上，以上阐释的篇幅应当控制在一两个简短的段落内，切忌直接拷贝论文的摘要。此外，作者也无须使用高度专业的词汇或是总结研究的所有结果。

⑤ 稿件出版道德规范的免责说明：作者需要在 Cover Letter 中说明该论文并没有在其他期刊刊载也没有正在接受其他期刊的审查，且论文的所有作者都同意投稿至该期刊。对于涉及人和动物的研究，作者还需说明其是否严格遵守伦理道德。

⑥ 作者所提出的对稿件处理的特殊要求：对于部分期刊而言，作者可以在 Cover Letter 中要求编辑屏蔽某些审稿人并列出期望的审稿人名单。

⑦ 作者信息：作者信息包括作者姓名、所属机构、通讯地址、联系电话和邮箱等。

⑧ 其他关于信函的基本要素。

（2）论文返修的内容

与初次投稿时不同，论文返修时所附上的 Cover Letter 的内容往往更加简洁。其中除了包含信函的基本要素和作者信息之外，还包括以下几部分：

① 感谢编辑安排审稿以及审稿人提出的宝贵意见。

② 作者已经认真按照审稿人的要求对问题一一作答，并对文章进行了仔细的修改，文章的所有修改都着重标出。

③ 根据编辑和审稿人的建议，文章得到完善，读者们可以获得更有价值的信息。

④ 再次感谢编辑和审稿人的帮助。

虽然返修时所提供的 Cover Letter 中大多是客套话，但是编辑看着也会舒心不少。

总而言之，在 Cover Letter 中使用过多华丽的辞藻和高端的语句并没有多大的意义，一封简洁规范、态度诚恳、内容翔实的 Cover Letter 往往会让人眼前一亮。

7.2.2 投稿信范例

以下为初次投稿时 Cover Letter 的范例及相关说明，仅供各位读者参考。

（1）范例 1

14 February, 2020

Dear Editor,

Please find the enclosed manuscript entitled "××××"（注 1：用斜体标明论文标题）for possible publication as a "research paper"（注 2：说明论文的类型）in ××××.（注 3：用斜体标明期刊的全称）The manuscript has not been published previously, in whole or in part, and that it is not under consideration by any other journal. All authors are aware of, and accept responsibility for the manuscript. There are no conflicts of interest to disclose. （注 4：稿件出版道德规范的免责说明）

Application of zero-valent iron (ZVI) has been proved to be a promising method for dyes decolorization. However, for granular ZVI, it generally has low reactivity and this may hinder its growth into a reliable technology. In order to improve ZVI reactivity, sulfidation of ZVI by ball-milling ZVI with elemental sulfur (S-ZVI^{bm}) has recently attracted much attention since it can significantly improve both the reactivity and electron selectivity of ZVI. However, few studies have been conducted to evaluate the S-ZVI^{bm} performance toward various dyes from a wide-spectrum perspective. （注 5：介绍研究背景）

Hence, in this study, taking different kinds of dyes (including azo, anthraquinone and triphenylmethane dyes) as model contaminants, the effects of sulfidation on ZVI performance toward various dyes removal were investigated.（注 6：介绍研究内容）It was found that, S-ZVI^{bm} could enhance dyes removal from 52.8%–79.4% to 69.5%–100% within 150 min and increase the corresponding rate constants by 1.3–4.0 folds. The increasing solution pH from 4.0 to 10.0 could significantly inhibit AR27 decolorization process by S-ZVI^{bm}. Nonetheless, S-ZVI^{bm} still exhibited better dyes removal performance than ZVI^{bm} at all of the tested pH values. With ZVI dosage increasing, the decolorization efficiency of AR27 by S-ZVI^{bm} increased more sharply than unsulfidated ZVI, implying more reactive sites involved in S-ZVI^{bm}. （注 7：介绍

研究发现）All of these results suggested that S-ZVI^{bm} would be an efficient reagent for the treatment of dyes-contaminated wastewater.（注 8：介绍研究意义）We believe that this paper may be of particular interest to the readers of ××××.（注 9：介绍论文内容与该期刊领域的相关性）

Attached please find a list of preferred and non-preferred reviewers.（注 10：作者所提出的对稿件处理的特殊要求）We appreciate your consideration of our manuscript for possible publication in ××××.

Sincerely,

Dr. ×××, Ph.D., Professor

State Key Laboratory of Pollution Control and Resources Reuse, College of Environmental Science and Engineering, Tongji University, 1239# Siping Road, Shanghai, People's Republic of China.

Email: ×××@tongji.edu.cn; Phone: +86-021-×××; Fax: +86-21-×××.（注 11：通讯作者信息）

Preferred reviewers

Reviewer 1: Dr. ×××

Institute name: ××××

E-mail address: ×××@×××.com

Reviewer 2: Dr. ×××

Institute name: ××××

E-mail address: ×××@×××.edu.au

Reviewer 3: Prof. ×××

Institute name: ××××

E-mail address: ×××@×××.edu.cn

Non-preferred reviewers

Prof. ×××

Department of ×××, ××× University

以下为论文返修时 Cover Letter 的范例及相关说明，仅供各位读者参考。

（2）范例 2

14 February, 2020

Dear Dr. ×××,（注 12：论文返修时作者往往已经知道编辑的姓名）

On behalf of my co-authors, we thank you very much for giving us an opportunity to revise our manuscript, and we also appreciate reviewers very much for their positive and constructive comments and suggestions on our manuscript entitled "×××××" (Manuscript Number: ××-×).

We have studied reviewers' comments carefully and have revised our manuscript accordingly. The following is a list of highlights:

1. ×××
2. ×××
3. ×××（注 13：逐条、简要介绍论文主要修改的部分）

Attached please find the revised version and relevant document, which we would like to submit for your kind consideration.

Once again, thank you very much for your comments and suggestions（注 14：再次表达对编辑与审稿人的感谢）. And we hope that the corrections will meet with approval. If you have any questions, please don't hesitate to contact me at the address below.

Sincerely,

Dr. ×××, Ph.D., Professor

State Key Laboratory of Pollution Control and Resources Reuse, College of Environmental Science and Engineering, Tongji University, 1239# Siping Road, Shanghai, People's Republic of China.

Email: ×××@tongji.edu.cn; Phone: +86-021-×××; Fax: +86-21-×××.

7.3　审稿意见回复的原则

通常来说，只字不改就被接收的论文极少，即使是最优秀的科研工作者所完成的论文也照样可能被要求修改。研究人员在给期刊投稿的时候，尤其是那些影响因子比较高的期刊，千万不要寄希望于能够不修改而直接发表，这种情况几乎是不存在的。大多数人收到的回复都是 Accept with minor revision 或者 Acccpt with major revision（俗称"小修"或"大修"）。那么如何回复审稿意见就显得非常重要，毕竟修改后被拒的文章也不在少数。

本部分针对研究人员在回复审稿意见时所遇到的常见问题，总结出回复审稿意见的四项基本原则。

7.3.1　尊重审稿专家，礼貌回复

不要带着个人情绪去看待审稿专家给出的意见和建议。虽然有些审稿人比较和善，有一些人比较严厉，也有些人非常较真，但是每个审稿专家的目的都很简单，那就是帮助作者进一步完善研究内容，进一步提高论文的质量。因此在回复审稿意见时，作者需要始终保持着谦逊的态度，对编辑和审稿专家表示感谢并礼貌地回复。

比如在回复审稿意见时，可以在回复信开头加上类似于"Thank you for your suggestions. All your suggestions are very important, and they are of great guiding significance to my scientific research."的表述，也可以在结尾写上类似于"Once again, thank you very much for your suggestions. We would be glad to respond to any further questions and comments that you may have."的表述。

而当作者暂时无法满足编辑或审稿人的意见或不同意其观点时，也应委婉地对其进行反驳和拒绝。以下将以几个常见的情况为例，对回复技巧加以进一步介绍。

情况一：当编辑或审稿人要求作者补充一些耗时过长或当前难以完成的实验时，作者可用能说明原理的替代实验满足。在回复中，作者应首先感谢编辑和审稿人的深度分析及其实用的意见，然后说明自己无法完全同意审稿意见，并提供简洁、富有逻辑性的证据，切忌列出一堆理由来证明编辑或审稿人的建议是不合理的。

情况二：当由于作者的表达不够清楚，使编辑或审稿人误解了作者想要表达的观点时。作者可以礼貌地指出误解并为自己没有将观点阐述清楚而道歉，然后重新组织语言再次阐述观点。比如作者可以这样回复："I am very sorry that I failed to explain my views clearly. I should have explained that ×××. I have revised the contents of this part."。这样的回答既巧妙地回答了该问题，也避免了让审稿人尴尬。

情况三：当编辑或审稿人提出的意见或建议是错误的时候，不要对他的意见发表任何的评论。作者只需在那条审稿意见下，心平气和地列出自己的理由和证据就可以了，也不用刻意强调自己的观点是正确的。

情况四：当编辑或审稿人认为文章的创新性不足时，这作为文章的硬伤，是没有办法修改的。赞同审稿人的意见不太合适，但是采用回避的方式更不合适，这样既不礼貌也侧面赞同了审稿人的意见。作者应该尽自己所能去争取被接收的机会。比如作者可以通读全文并总结出自己认为有新意的地方，同时对研究成果的意义加以详细描述。如果可能的话，还可增加一些关于该领域内其他研究方向

的介绍，并且指出自己的研究有何不同。比如作者可以这样回复："Thank you for this valuable feedback. Our research is the first to show that…/confirms the findings of ××× et al. …/improves the yield of… We have added a sentence to the Abstract (page 2 line 5), and a paragraph to the Discussion section (page 15 starting line 8), to clarify this."。

7.3.2　把握合理的回复时间

在回复审稿意见时，作者需要留意审稿意见回复的最后期限，根据修改建议合理安排时间。但对于只需进行简单修改的论文，也不建议作者在收到审稿意见短短几天后就立刻回复审稿意见。作者可以利用这段时间再次仔细检查论文中可能出现的小毛病，同时也不会让编辑觉得作者的态度过于草率和敷衍。

7.3.3　重视每一条审稿意见

作者必须认真回复编辑或审稿人所提出的每一条审稿意见，不能不理睬或忽略其中的任何一条审稿意见。对于有利于提升论文质量的意见和建议，作者应该及时予以采纳，并做出相应的修改。而对于作者不赞同的部分意见和建议，作者也无须为了发表论文而过于屈从，只需给出充分的解释即可。只有在所有的意见都得到合理的回应和解释之后，论文才有可能发表。在回复的过程中，作者应当合理排版，清晰地向审稿专家展示自己的答复。比如在回复审稿意见时，为了防止遗漏，可以将编辑和审稿人的意见逐条复制下来并编号，然后在各条意见下面逐条回复。审稿意见及其相应的回复最好使用不同的字体加以区分（如正体和斜体）。当提到文中的改动时，作者不仅需在回复函中详细说明对论文做出的修改，给出论文修改处的页码和行号，还需在文中标记出改动之处以便查找，比如采用黄色高亮、加下画线或加删除线等方式。在回复函中，作者可以这样写道："We are extremely grateful to Reviewer X for pointing out this problem. We have revised Table 1 and adjusted the text where highlighted."。若编辑或审稿人要求补充分析或者实验，作者应该尽可能照办并把得到的相应数据加入回复函，这会让回复函更富有说服力，从而增大论文被录用的概率。

而即使论文最后没有被该期刊所录用，作者在回复审稿意见的过程中对论文所做出的相应修改也有利于提升论文的水平，提高下一次投稿时的论文录用概率。

7.3.4 明晰原稿和修改稿的区别

当作者按照评审意见对稿件进行修改时，有时很难向审稿人准确传达更改的内容。比如一个常见的错误是作者在回复审稿意见时指出，"This conclusion is based on the following evidence in the manuscript…"，在这个回复中作者没有说清楚"manuscript"所指的是修改稿还是原稿，因此可能会引起编辑的误解。正确的做法是明确是修改稿还是原稿，例如"This conclusion is based on the following evidence in the revised manuscript…"。

很多期刊要求作者在提交修改稿的时候提交一个带有修改痕迹的修改稿版本。此时就需要把最后的修改稿与原稿件对照，所有改动的地方用删除线等符号和一些鲜亮的颜色标出来，以区别于原来的内容（黑色字体）。

例：However, the assumption of HER reversibility is inconsistent with the ~~very~~ high temperature and H_2 partial pressure conditions <u>that usually are</u> required to make the reverse of the reaction significant. （注：用下画线表示添加的内容，用删除线表示删除的内容）

尽管作者在回复审稿意见的时候可能会面临着较大的心理压力，但是只要掌握了回复审稿意见的基本方法，就能给编辑以逻辑清晰、内容规范的答复，从而大幅增大论文被录用的概率。

附录1　第一次投稿时的投稿信

Dear Editor,

Attached you will find a manuscript that we would like to submit for publication in the journal *Environmental Science & Technology Letters*. The first author is Hongyu Dong, and the **corresponding author** is Xiaohong Guan.

The **title** of this manuscript is "**Both Fe(IV) and radicals are active oxidants in the Fe(II)/peroxydisulfate process**". I believe that this Letter deserves its publication in *ES&T Letters* for the following reasons:

1. Whether Fe(IV) or $SO_4^{\cdot-}$ is the dominant intermediate in the Fe(II) activated peroxydisulfate process (Fe(II)/PDS process) is under disputation. In this study, besides Fe(IV), $SO_4^{\cdot-}$ and $HO^{\cdot}$ were identified to generate in the Fe(II)/PDS process by using multiple probes (dimethyl sulfoxide, methyl phenyl sulfoxide, *p*-nitro benzoic acid (*p*-NBA), and benzoic acid (BA)).

2. The removal of *p*-NBA and BA and the influence of BA on the yield of methyl phenyl sulfone (PMSO$_2$) indicated that the oxidizing intermediate was changing from Fe(IV) to $SO_4^{\cdot-}/HO^{\cdot}$ with increasing the PDS/Fe(II) molar ratio at pH 3.0. Fe(IV), $SO_4^{\cdot-}$, and $HO^{\cdot}$ were all involved in this process at pH 3.0–6.5 but their available amounts contributing to abating target contaminants dropped with elevating pH considering the influence of pH on the generation of PMSO$_2$ and *p*-hydroxybenzoic acid. Furthermore, Fe(IV), $SO_4^{\cdot-}$, and $HO^{\cdot}$ contributed differently to abating different organic contaminants because of the different reactivity of these oxidizing oxidants towards different organic contaminants.

3. This study demonstrated that multiple oxidizing species (Fe(IV), $SO_4^{\cdot-}$, and $HO^{\cdot}$) are generated in the Fe(II)/PDS process, which was significant for the application of this process and understanding the mechanisms of Fe(II) activated peroxide process.

Four reviewers were recommended. They all have on-going research interests that are directly relevant to one or more aspects of this work: *reviewer' name* (reviewer affiliation), *xxx* (xxx), *xxx* (xxx), and *xxx* (xxx). Moreover, we have three non-preferred reviewers for this manuscript because of the conflict of research interest.

The total **word count** of this manuscript is **2998**, which meets the *ES&T Letters* guidelines. All of the additional data is in Supporting Information, making it **12** pages. The manuscript has not been published in whole or in part. All authors are aware of, and accept responsibility for, the manuscript. There are no conflicts of interest to disclose.

Sincerely,

Dr. Xiaohong Guan, Ph.D., Professor

State Key Laboratory of Pollution Control and Resources Reuse, College of Environmental Science and Engineering, Tongji University, 1239# Siping Road, Shanghai, People's Republic of China.

Email:guanxh@tongji.edu.cn, Phone: +86-021-65980956, Fax: +86-21-65986313

Suggested reviewers

Reviewer 1: Prof. xx

Institute name: xx

E-mail address: xx

....

Reviewer 4: Prof. xx

Institute name: xx

E-mail address: xx

Non-preferred reviewers

Reviewer 1: Prof. xx

Institute name: xx

E-mail address: xx

…

附录2 投稿时的正文和图

1 **Both Fe(IV) and radicals are active oxidants in the**
2 **Fe(II)/peroxydisulfate process**
3 Hongyu Dong,[†,‡] Yang Li,[†,‡] Shuchang Wang,[†,‡] Weifan Liu,[†,‡] Gongming Zhou,[†,‡]
4 Yifan Xie,[†,‡] Xiaohong Guan[†,‡,§,*]
5 [†]State Key Laboratory of Pollution Control and Resources Reuse, College of
6 Environmental Science and Engineering, Tongji University, Shanghai 200092, China
7 [‡]Shanghai Institute of Pollution Control and Ecological Security, Shanghai 200092,
8 China
9 [§]International Joint Research Center for Sustainable Urban Water System, Tongji
10 University, Shanghai, 200092, PR China
11 E-mail addresses: 1510414@tongji.edu.cn (H.Y. Dong), 1932785@tongji.edu.cn (Y.
12 Li), wangshuchang@tongji.edu.cn (S.C. Wang), 1730470@tongji.edu.cn (W.F. Liu),
13 zhougm@tongji.edu.cn (G.M.Zhou),1852514@tongji.edu.cn (Y.F.Xie),
14 guanxh@tongji.edu.cn (X.H. Guan)
15
16
17
18 *Author to whom correspondence should be addressed
19 Xiaohong Guan, Email: guanxh@tongji.edu.cn; Phone: +86(21)65983869
20

Abstract

Whether Fe(IV) or $SO_4^{\cdot-}$ is the dominant intermediate in the Fe(II) activated peroxydisulfate process (Fe(II)/PDS process) is under disputation. In this study, besides Fe(IV), $SO_4^{\cdot-}$ and $HO^{\cdot}$ were identified to generate in the Fe(II)/PDS process by using multiple probes (dimethyl sulfoxide, methyl phenyl sulfoxide, p-nitro benzoic acid (p-NBA), and benzoic acid (BA)). The removal of p-NBA and BA and the influence of BA on the yield of methyl phenyl sulfone ($PMSO_2$) indicated that the oxidizing intermediate was changing from Fe(IV) to $SO_4^{\cdot-}/HO^{\cdot}$ with increasing the PDS/Fe(II) molar ratio at pH 3.0. Fe(IV), $SO_4^{\cdot-}$, and $HO^{\cdot}$ were all involved in this process at pH 3.0–6.5 but their available amounts contributing to abating target contaminants dropped with elevating pH considering the influence of pH on the generation of $PMSO_2$ and p-hydroxybenzoic acid. Furthermore, Fe(IV), $SO_4^{\cdot-}$, and $HO^{\cdot}$ contributed differently to abating different organic contaminants because of the different reactivity of these oxidizing oxidants towards different organic contaminants. Overall, this study demonstrated that multiple oxidizing species (Fe(IV), $SO_4^{\cdot-}$, and $HO^{\cdot}$) are generated in the Fe(II)/PDS process, which was significant for the application of this process and understanding the mechanisms of Fe(II) activated peroxide process.

Introduction

The Fenton reaction, i.e. the reaction between iron(II) (Fe(II)) and hydrogen peroxide (H_2O_2), is one of most widespread oxidation processes and can effectively oxidize various substrates. In the 1890s, Henry J. H. Fenton[1-3] firstly reported the oxidation of polyhydric alcohols and organic acids during the reaction between Fe(II) and H_2O_2. About forty years later, Haber and Weiss[4] firstly proposed that hydroxyl radical ($HO^{\cdot}$) was the reactive oxidizing species (ROS) during the Fenton reaction. However, at almost the same time, tetravalent iron (Fe(IV)) was proposed as the ROS in the Fenton process.[5] Since then, the exact nature of the intermediate(s) or ROS in the Fenton reaction has been under intense and controversial discussions. Many researchers believed that $HO^{\cdot}$ was the ROS in the Fenton reaction by using the electron paramagnetic resonance (EPR) spin-trapping technique and the specific HO$^{\bullet}$ scavengers.[6-9] Other researchers doubted the reliability of the methods for identifying HO$^{\bullet}$ and proposed Fe(IV) as the key intermediates in the Fenton reaction considering the formation of non-hydroxylated products and the negligible inhibiting effect of HO$^{\bullet}$ scavengers on the oxidation of the target compounds.[10-12] Later, Hug and Leupin[13] proposed that the Fenton reaction formed HO$^{\bullet}$ at low pH but a different oxidant, possibly Fe(IV), at neutral pH because 2-propanol as an HO$^{\bullet}$ radical scavenger quenched the As(III) oxidation at low pH but had little effect at neutral pH. Similar conclusion was made by other researchers[14, 15] that the reactive species generated in the Fenton reaction was dependent on pH. Thereinto, Bataineh et al.[14] confirmed Fe(IV) as a Fenton intermediate at near-neutral pH taking advantage of the fact that dimethyl sulfoxide (DMSO) was oxidized by Fe(IV) to yield dimethyl sulfone (DMSO$_2$) through an oxygen-atom transfer step, differing markedly from the HO$^{\bullet}$-induced product.[16]

$$S_2O_8^{2-} + Fe^{2+} \longrightarrow SO_4^{\bullet -} + SO_4^{2-} + Fe^{3+} \quad k = 27 \text{ mol/(L·s)} \quad (1)^{17}$$

$$SO_4^{\bullet -} + H_2O \longrightarrow SO_4^{2-} + HO^{\bullet} + H^+ \quad k < 60 \text{ mol/(L·s)} \quad (2)^{18}$$

$$SO_4^{\bullet -} + HO^- \longrightarrow SO_4^{2-} + HO^{\bullet} \quad k = 6.5 \times 10^7 \text{ mol/(L·s)} \quad (3)^{19}$$

...

Environmental Implications

To evaluate the feasibility of applying the Fe(II)/PDS process for organic contaminants abatement, the nature of ROS in this system is a topic of interest. This study demonstrated that Fe(IV), $SO_4^{\bullet -}$, and HO$^{\bullet}$ were all generated in the Fe(II)/PDS process and they contributed differently to the transformation of different organic contaminants. $SO_4^{\bullet -}$ and HO$^{\bullet}$ are broad-spectrum oxidants whereas Fe(IV) is more selective than $SO_4^{\bullet -}$/HO$^{\bullet}$. These multiple ROS in the Fe(II)/PDS process can complement each other in degrading various organic contaminants. Due to the different selectivity of Fe(IV) and $SO_4^{\bullet -}$/HO$^{\bullet}$ towards various substrates, the effects of non-target matrix constituents such as dissolved organic matter, Cl$^-$, and Br$^-$ on the performances of Fe(II)/PDS process are expected to be very different with the presence of different organic

245 contaminants, which warrants further study.
246 Although H_2O_2 and PDS share similar structure,[42, 43] the ROS in the Fenton process are
247 pH-dependent[13-15] while the ROS in the Fe(II)/PDS process are not. This confirm the
248 necessity of investigating the differences between Fenton and Fe(II)/PDS processes.
249 Moreover, besides H_2O_2 and PDS, peracetic acid is activated by Fe(II) to generate
250 Fe(IV),[35] suggesting that the oxidants containing the O−O bond can be activated by
251 Fe(II) to form Fe(IV).

252 **Associated Content**

253 **Supporting Information**. The Supporting Information (Text S1-S4, Figures S1-S6,
254 Tables S1-S2) is available free of charge on the ACS Publications website.

255 **Author Information**

256 **Corresponding Author**

257 *Email:guanxh@tongji.edu.cn; Phone: +86-21-65983869; Fax: +86-21-65986313.

258 **Notes**

259 The authors declare no competing financial interest.

260 **Acknowledgment**

261 This work was supported by the National Natural Science Foundation of China (Grant
262 No. 21976133).

263 **References**

264 (1) Fenton, H. J. H. Oxidation of tartaric acid in presence of iron. *J. Chem. Soc., Trans.*
265 **1894,** *65* (0), 899-910.
266 (2) Fenton, H. J. H.; Jackson, H. J. The oxidation of polyhydric alcohols in presence of
267 iron. *J. Chem. Soc., Trans.* **1899,** *75* (0), 1-11.
268 (3) Fenton, H. J. H.; Jones, H. O. The oxidation of organic acids in presence of ferrous
269 iron. Part I. *J. Chem. Soc., Trans.* **1900,** *77* (0), 69-76.

8

(4) Haber, F.; Weiss, J.; Pope, W. J. The catalytic decomposition of hydrogen peroxide by iron salts. *P. Roy. Soc. Lond. A Mat.* **1934,** *147* (861), 332-351.

(5) Bray, W. C.; Gorin, M. Ferryl ion, a compound of tetravalent iron. *J. Am. Chem. Soc.* **1932,** *54* (5), 2124-2125.

(6) Yamazaki, I.; Piette, L. H. EPR spin-trapping study on the oxidizing species formed in the reaction of the ferrous ion with hydrogen peroxide. *J. Am. Chem. Soc.* **1991,** *113* (20), 7588-7593.

(7) Yagi, K.; Ishida, N.; Komura, S.; Ohishi, N.; Kusai, M.; Kohno, M. Generation of hydroxyl radical from linoleic acid hydroperoxide in the presence of epinephrine and iron. *Biochem. Biophys. Res. Commun.* **1992,** *183* (3), 945-951.

(8) Halliwell, B.; Gutteridge, J. M. Formation of a thiobarbituric‐acid‐reactive substance from deoxyribose in the presence of iron salts: The role of superoxide and hydroxyl radicals. *FEBS Lett.* **1981,** *128* (2), 347-352.

(9) Baker, M. S.; Gebicki, J. M. The effect of pH on the conversion of superoxide to hydroxyl free radicals. *Arch. Biochem. Biophys.* **1984,** *234* (1), 258-264.

(10) Sutton, H. C.; Winterbourn, C. C. On the participation of higher oxidation states of iron and copper in Fenton reactions. *Free Radical Biol. Med.* **1989,** *6* (1), 53-60.

(11) Goldstein, S.; Meyerstein, D.; Czapski, G. The Fenton reagents. *Free Radical Biol. Med.* **1993,** *15* (4), 435-445.

(12) Bossmann, S. H.; Oliveros, E.; Göb, S.; Siegwart, S.; Dahlen, E. P.; Payawan, L.; Straub, M.; Wörner, M.; Braun, A. M. New evidence against hydroxyl radicals as reactive intermediates in the thermal and photochemically enhanced Fenton reactions. *J. Phys. Chem. A* **1998,** *102* (28), 5542-5550.

(13) Hug, S. J.; Leupin, O. Iron-catalyzed oxidation of arsenic(III) by oxygen and by hydrogen peroxide: pH-dependent formation of oxidants in the Fenton reaction. *Environ. Sci. Technol.* **2003,** *37* (12), 2734-2742.

(14) Bataineh, H.; Pestovsky, O.; Bakac, A. pH-induced mechanistic changeover from hydroxyl radicals to iron(IV) in the Fenton reaction. *Chem. Sci.* **2012,** *3* (5), 1594-1599.

(15) Lee, H.; Lee, H. J.; Sedlak, D. L.; Lee, C. pH-dependent reactivity of oxidants

formed by iron and copper-catalyzed decomposition of hydrogen peroxide. *Chemosphere* **2013**, *92* (6), 652-658.

(16) Pestovsky, O.; Bakac, A. Aqueous ferryl(IV) ion: kinetics of oxygen atom transfer to substrates and oxo exchange with solvent water. *Inorg. Chem.* **2006**, *45* (2), 814-820.

(17) Woods, R.; Kolthoff, I. M.; Meehan, E. J. Arsenic(IV) as an intermediate in the induced oxidation of arsenic(III) by the iron(II)-persulfate reaction and the photoreduction of iron(III). I. Absence of oxygen. *J. Am. Chem. Soc.* **1963**, *85* (16), 3334-3337.

(18) Neta, P.; Huie, R. E.; Ross, A. B. Rate constants for reactions of inorganic radicals in aqueous solution. *J. Phys. Chem. Ref. Data* **1988**, *17* (3), 1027-1284.

(19) Hayon, E.; Treinin, A.; Wilf, J. Electronic spectra, photochemistry, and autoxidation mechanism of the sulfite-bisulfite-pyrosulfite systems. $SO_2^{·-}$, $SO_3^{·-}$, $SO_5^{·-}$, and $SO_5^{·-}$ radicals. *J. Am. Chem. Soc.* **1972**, *94* (1), 47-57.

(20) Anipsitakis, G. P.; Dionysiou, D. D. Radical generation by the interaction of transition metals with common oxidants. *Environ. Sci. Technol.* **2004**, *38* (13), 3705.

(21) Wu, S.; Liang, G.; Guan, X.; Qian, G.; He, Z. Precise control of iron activating persulfate by current generation in an electrochemical membrane reactor. *Environ. Int.* **2019**, *131*, 105024.

(22) Wang, Z.; Jiang, J.; Pang, S.; Zhou, Y.; Guan, C.; Gao, Y.; Li, J.; Yang, Y.; Qiu, W.; Jiang, C. Is sulfate radical really generated from peroxydisulfate activated by iron (II) for environmental decontamination? *Environ. Sci. Technol.* **2018**, *52* (19), 11276-11284.

(23) Buxton, G. V.; Greenstock, C. L.; Helman, W. P.; Ross, A. B. Critical review of rate constants for reactions of hydrated electrons, hydrogen atoms and hydroxyl radicals ($HO^·/O^{·-}$) in aqueous solution. *J. Phys. Chem. Ref. Data* **1988**, *17* (2), 513-886.

(24) Tai, C.; Peng, J. F.; Liu, J. F.; Jiang, G. B.; Zou, H. Determination of hydroxyl radicals in advanced oxidation processes with dimethyl sulfoxide trapping and liquid chromatography. *Anal. Chim. Acta* **2004**, *527* (1), 73-80.

(25) Shao, B.; Dong, H.; Sun, B.; Guan, X. Role of ferrate(IV) and ferrate(V) in activating ferrate(VI) by calcium sulfite for enhanced oxidation of organic contaminants.

Environ. Sci. Technol. **2018,** *53* (2), 894-902.

(26) Chen, J.; Rao, D.; Dong, H.; Sun, B.; Shao, B.; Cao, G.; Guan, X. The role of active manganese species and free radicals in permanganate/bisulfite process. *J. Hazard. Mater.* **2019,** *388*, 121735.

(27) Dong, H.; Wei, G.; Cao, T.; Shao, B.; Guan, X.; Strathmann, T. J. Insights into the oxidation of organic co-contaminants during Cr(VI) reduction by sulfite: The overlooked significance of Cr(V). *Environ. Sci. Technol.* **2019,** *54* (2), 1157-1166.

(28) Shao, B.; Dong, H.; Feng, L.; Qiao, J.; Guan, X. Influence of [sulfite]/[Fe(VI)] molar ratio on the active oxidants generation in Fe(VI)/sulfite process. *J. Hazard. Mater.* **2020,** *384*, 121303.

(29) Neta, P.; Madhavan, V.; Zemel, H.; Fessenden, R. W. Rate constants and mechanism of reaction of sulfate radical anion with aromatic compounds. *J. Am. Chem. Soc.* **1977,** *99* (1), 163-164.

(30) Lee, C.; Keenan, C. R.; Sedlak, D. L. Polyoxometalate-enhanced oxidation of organic compounds by nanoparticulate zero-valent iron and ferrous ion in the presence of oxygen. *Environ. Sci. Technol.* **2008,** *42* (13), 4921-4926.

(31) Zamora, P. L.; Villamena, F. A. Theoretical and experimental studies of the spin trapping of inorganic radicals by 5,5-dimethyl-1-pyrroline-*N*-oxide (DMPO). 3. Sulfur dioxide, sulfite, and sulfate radical anions. *J. Phys. Chem. A* **2012,** *116* (26), 7210-7218.

(32) Zehavi, D.; Rabani, J. Oxidation of aqueous bromide ions by hydroxyl radicals. Pulse radiolytic investigation. *J. Phys. Chem.* **1972,** *76* (3), 312-319.

(33) Fang, J. Y.; Shang, C. Bromate formation from bromide oxidation by the UV/persulfate process. *Environ. Sci. Technol.* **2012,** *46* (16), 8976-8983.

(34) Rush, J. D.; Koppenol, W. H. Reactions of iron(II) nitrilotriacetate and iron(II) ethylenediamine-N,N'-diacetate complexes with hydrogen peroxide. *J. Am. Chem. Soc.* **1988,** *110* (15), 4957-4963.

(35) Kim, J.; Zhang, T.; Liu, W.; Du, P.; Dobson, J. T.; Huang, C. H. Advanced oxidation process with peracetic acid and Fe(II) for contaminant degradation. *Environ. Sci. Technol.* **2019,** *53* (22), 13312-13322.

(36) Lindsey, M. E.; Tarr, M. A. Quantitation of hydroxyl radical during Fenton oxidation following a single addition of iron and peroxide. *Chemosphere* **2000,** *41* (3), 409-417.

(37) Zrinyi, N.; Pham, A. L. T. Oxidation of benzoic acid by heat-activated persulfate: Effect of temperature on transformation pathway and product distribution. *Water Res.* **2017,** *120*, 43-51.

(38) Keenan, C. R.; Sedlak, D. L. Factors affecting the yield of oxidants from the reaction of nanoparticulate zero-valent iron and oxygen. *Environ. Sci. Technol.* **2008,** *42* (4), 1262-1267.

(39) Katsoyiannis, I. A.; Ruettimann, T.; Hug, S. J. pH dependence of Fenton reagent generation and As(III) oxidation and removal by corrosion of zero valent iron in aerated water. *Environ. Sci. Technol.* **2008,** *42* (19), 7424-7430.

(40) Rush, J. D.; Koppenol, W. Oxidizing intermediates in the reaction of ferrous EDTA with hydrogen peroxide. Reactions with organic molecules and ferrocytochrome c. *J. Biol. Chem.* **1986,** *261* (15), 6730-6733.

(41) Rahhal, S.; Richter, H. W. Reduction of hydrogen peroxide by the ferrous iron chelate of diethylenetriamine-*N,N,N',N'',N''*-pentaacetate. *J. Am. Chem. Soc.* **1988,** *110* (10), 3126-3133.

(42) Yamamoto, N.; Koga, N.; Nagaoka, M. Ferryl–oxo species produced from Fenton's reagent via a two-step pathway: Minimum free-energy path analysis. *J. Phys. Chem. B* **2012,** *116* (48), 14178-14182.

(43) Zhang, B. T.; Zhang, Y.; Teng, Y.; Fan, M. Sulfate radical and its application in decontamination technologies. *Crit. Rev. Env. Sci. Tec.* **2015,** *45* (16), 1756-1800.

Graphical Abstract Art for TOC Only

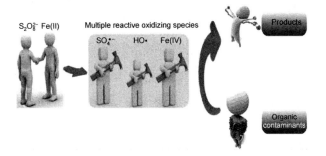

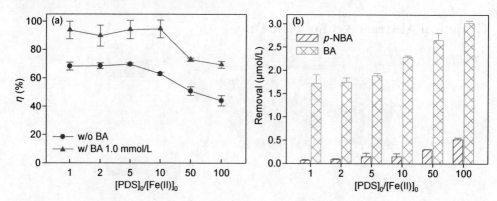

Figure 1. Effect of PDS/Fe(II) molar ratios on the (a) the molar yield of $PMSO_2$ produced from oxidized PMSO with and without the presence of excess BA, and (b) p-NBA and BA removal in the Fe(II)/PDS process. Reaction conditions: $[Fe(II)]_0 = 0.10$ mmol/L, $[PDS]_0 = 0.10–10$ mmol/L, $[PMSO]_0 = 100$ μmol/L, $[p\text{-}NBA]_0 = 5.0$ μmol/L, $[BA]_0 = 10$ μmol/L, pH = 3.0, reaction time 15 min.

…

Scheme S1. The proposed mechanism for generating oxidizing species in the Fe(II)/PDS process.

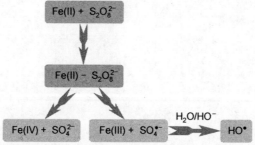

附录3 支撑材料

Supporting Information for
Both Fe(IV) and radicals are active oxidants in the
Fe(II)/peroxydisulfate process

Hongyu Dong,[†,‡] Yang Li,[†,‡] Shuchang Wang,[†,‡] Weifan Liu,[†,‡] Gongming Zhou,[†,‡] Yifan Xie,[†,‡] Xiaohong Guan[†,‡,§,*]

[†]State Key Laboratory of Pollution Control and Resources Reuse, College of Environmental Science and Engineering, Tongji University, Shanghai 200092, China

[‡]Shanghai Institute of Pollution Control and Ecological Security, Shanghai 200092, China

[§]International Joint Research Center for Sustainable Urban Water System, Tongji University, Shanghai, 200092, PR China

E-mail addresses: 1510414@tongji.edu.cn (H.Y. Dong), 1932785@tongji.edu.cn (Y. Li), wangshuchang@tongji.edu.cn (S.C. Wang), 1730470@tongji.edu.cn (W.F. Liu), zhougm@tongji.edu.cn (G.M.Zhou),1852514@tongji.edu.cn (Y.F.Xie), guanxh@tongji.edu.cn (X.H. Guan)

*Author to whom correspondence should be addressed
Xiaohong Guan, Email: guanxh@tongji.edu.cn; Phone: +86(21)65983869

Totally 9 pages including 4 Text, 2 Tables, and 6 Figures.

25 **Text S1.** Chemicals and Reagents. (Page S3)
26 **Text S2.** Analytical methods. (Page S3)
27 **Text S3.** The PMSO$_2$ yield from the oxidation of PMSO by Mn(VII). (Page S4)
28 **Text S4.** The reaction between Fe(II) with hypochlorous acid. (Page S4)
29 **Table S1.** The second-order rate constants of selected organic contaminants and Br$^-$
30 with HO$^{\cdot}$, SO$_4^{\cdot-}$, and Fe(IV). (Page S5)
31 **Table S2.** Operation parameters for organic contaminant analysis with UPLC. (Page
32 S6)
33 **Figure S1.** Generation of HCHO from oxidation of DMSO in the Fe(II)/PDS process.
34 (Page S6)
35 **Figure S2.** Effect of the PDS/Fe(II) molar ratio on PMSO degradation and PMSO$_2$
36 production with and without the presence of excess BA in the Fe(II)/PDS process.
37 (Page S7)
38 **Figure S3.** PMSO degradation, PMSO$_2$ production, and the molar yield of PMSO$_2$ in
39 the Mn(VII) system. (Page S7)
40 **Figure S4.** Kinetics of PMSO degradation, PMSO$_2$ production, and the molar yield of
41 PMSO$_2$ during PMSO abatement in the Fe(II)/HClO process conducted at pH 1.0 and
42 3.0. (Page S9)
43 **Figure S5**. The formation of *p*-HBA during the oxidation of BA (a) in the Fe(II)/HClO
44 process and (b) in the Fe(II)/PDS process. (Page S8)
45 **Figure S6**. Effect of *p*-CBA on PMSO$_2$ production during PMSO oxidation in the
46 Fe(II)/HClO process. (Page S8)
47

Text S1. Chemicals and Reagents

Sodium persulfate ($Na_2S_2O_8$), ferrous sulfate heptahydrate ($FeSO_4 \cdot 7H_2O$), acetic acid, 2,4-dinitrophenylhydrazine (DNPH), caffeine (CAF), carbamazepine (CBZ), diclofenac (DCF), phenol, formaldehyde (HCHO), sodium bromide (NaBr), phosphoric acid (H_3PO_4), and perchloric acid ($HClO_4$, GR grade, 70.0%–72.0%) were purchased from Sinopharm Chemical Reagent Co., Ltd. (Shanghai, China). Benzoic acid (BA), p-hydroxybenzoic acid (p-HBA), p-chloro benzoic acid (p-CBA), p-nitro benzoic acid (p-NBA), acetaminophen (ACT), penicillinG (PENG), amoxicillin (Amoxi), ibuprofen (IBU), dimethyl sulfoxide (DMSO), methyl phenyl sulfoxide (PMSO), methyl phenyl sulfone ($PMSO_2$), sodium acetate anhydrous, and sodium hypochlorite solution (active chlorine > 5%) were obtained from Aladdin Biological Technology Co.,Ltd. (Shanghai, China). Sodium thiosulfate pentahydrate ($Na_2S_2O_3 \cdot 5H_2O$, GR grade), sodium hydroxide (NaOH, GR grade), and potassium permanganate (Mn(VII), GR grade) were supplied by the Tianjin Chemical Reagent Co., Ltd. (Tianjin, China). Sulfamethoxazole (SMX, 98% pure) was supplied by Shanghai Qiangshun Chemical Reagent Co., Ltd. (Shanghai, China). 5,5-dimethyl-1- pyrrolidine-N-oxide (DMPO) was purchased from Dojindo Laboratory. Methanol, acetonitrile, and formic acid of chromatographic grade were supplied by J.T Baker (USA).

All chemicals were used as received and all solutions were prepared in deionized water (>18.2 MΩ·cm resistivity, Millipore Milli-Q system).

…

Table S1. The second-order rate constants of selected organic contaminants and Br^- with $HO^·$, $SO_4^{·-}$, and Fe(IV).

Contaminants	k (mol/(L·s))		
	$HO^·$	$SO_4^{·-}$	Fe(IV)*
phenol	$6.6×10^9$–$1.8×10^{10}$ [5]	$8.8×10^9$ [6]	$(1.5±0.2)×10^4$ [7]
			$4.0×10^3$ [8]
nitrobenzene	$(3.2–4.7)×10^9$ [5]	$≤10^6$ [9]	$(1.05±0.3)×10^3$ [7]
p-NBA	$2.6×10^9$ [5]	$≤10^6$ [9]	-
p-CBA	$5.0×10^9$ [5]	$3.6×10^8$ [9]	-
BA	$5.9×10^9$ [5]	$1.2×10^9$ [9]	80 [8]
DMSO	$6.6×10^9$ [5]	$3.0×10^9$ [10]	$1.26×10^5$ [11]
PMSO	$9.7×10^9$ [5]	$3.17×10^8$ [12]	$1.23×10^5$ [11]
	$3.61×10^9$ [12]		
Br^-	$1.1×10^{10}$ [13]	$3.5×10^9$ [14]	-

*Determined at pH 1.0.

-No available second-order rate constants.

...

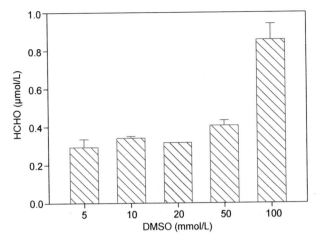

Figure S1. Generation of HCHO from oxidation of DMSO in the Fe(II)/PDS process. Reaction conditions: $[Fe(II)]_0 = 0.10$ mmol/L, $[PDS]_0 = 0.50$ mmol/L, $[DMSO]_0 = 5$–100 mmol/L, pH = 3.0, reaction time 15 min.

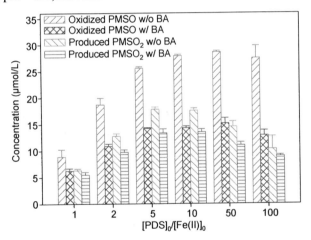

Figure S2. Effect of the PDS/Fe(II) molar ratio on PMSO degradation and $PMSO_2$ production with and without the presence of excess BA in the Fe(II)/PDS process. Reaction conditions: $[Fe(II)]_0 = 0.10$ mmol/L, $[PDS]_0 = 0.10$–10 mmol/L, $[PMSO]_0 = 100$ μmol/L, $[BA]_0 = 1.0$ mmol/L, pH = 3.0, reaction time 15 min.

…

References

(1) Dong, H.; Wei, G.; Yin, D.; Guan, X. Mechanistic insight into the generation of reactive oxygen species in sulfite activation with Fe(III) for contaminants degradation. *J. Hazard. Mater.* **2020**, *384*, 121497.

(2) Simándi, L. I.; Jáky, M.; Khenkin, A. M. Kinetics and mechanism of the oxidation of dimethyl sulfoxide by permanganate ion. *Inorg. Chim. Acta* **1987**, *134* (2), 187-189.

(3) Conocchioli, T.; Hamilton Jr, E.; Sutin, N. The formation of iron(IV) in the oxidation of iron(II). *J. Am. Chem. Soc.* **1965**, *87* (4), 926-927.

(4) Koppenol, W. H. Thermodynamic considerations on the formation of reactive species from hypochlorite, superoxide and nitrogen monoxide: Could nitrosyl chloride be produced by neutrophils and macrophages? *FEBS Lett.* **1994**, *347* (1), 5-8.

(5) Buxton, G. V.; Greenstock, C. L.; Helman, W. P.; Ross, A. B. Critical review of rate constants for reactions of hydrated electrons, hydrogen atoms and hydroxyl radicals ($HO^{\cdot}/O^{\cdot -}$) in aqueous solution. *J. Phys. Chem. Ref. Data* **1988**, *17* (2), 513-886.

(6) Ziajka, J.; Pasiuk-Bronikowska, W. Rate constants for atmospheric trace organics scavenging $SO_4^{\cdot -}$ in the Fe-catalysed autoxidation of S(IV). *Atmos. Environ.* **2005**, *39* (8), 1431-1438.

(7) Mártire, D. O.; Caregnato, P.; Furlong, J.; Allegretti, P.; Gonzalez, M. C. Kinetic study of the reactions of oxoiron(IV) with aromatic substrates in aqueous solutions. *Int. J. Chem. Kinet.* **2010**, *34* (8), 488-494.

(8) Jacobsen, F.; Holcman, J.; Sehested, K. Reactions of the ferryl ion with some compounds found in cloud water. *Int. J. Chem. Kinet.* **1998**, *30* (3), 215-221.

(9) Neta, P.; Madhavan, V.; Zemel, H.; Fessenden, R. W. Rate constants and mechanism of reaction of sulfate radical anion with aromatic compounds. *J. Am. Chem. Soc.* **1977**, *99* (1), 163-164.

(10) Zhu, L.; Nicovich, J. M.; Wine, P. H. Temperature-dependent kinetics studies of aqueous phase reactions of $SO_4^{\cdot -}$ radicals with dimethylsulfoxide, dimethylsulfone, and methanesulfonate. *J. Photochem. Photobiol., A* **2003**, *157* (2), 311-319.

(11) Pestovsky, O.; Bakac, A. Aqueous ferryl(IV) ion: Kinetics of oxygen atom transfer to

substrates and oxo exchange with solvent water. *Inorg. Chem.* **2006,** *45* (2), 814-820.

(12) Wang, Z.; Jiang, J.; Pang, S.; Zhou, Y.; Guan, C.; Gao, Y.; Li, J.; Yang, Y.; Qiu, W.; Jiang, C. Is sulfate radical really generated from peroxydisulfate activated by iron(II) for environmental decontamination? *Environ. Sci. Technol.* **2018,** *52* (19), 11276-11284.

(13) Zehavi, D.; Rabani, J. Oxidation of aqueous bromide ions by hydroxyl radicals. Pulse radiolytic investigation. *J. Phys. Chem.* **1972,** *76* (3), 312-319.

(14) Neta, P.; Huie, R. E.; Ross, A. B. Rate constants for reactions of inorganic radicals in aqueous solution. *J. Phys. Chem. Ref. Data* **1988,** *17* (3), 1027-1284.

附录 4 修改投回时的投稿信

Dear Dr. Arnold,

Thank you very much for your letter (email) of 27th Jan, 2020 and the reviewers' comments on our manuscript "**Both Fe(IV) and radicals are active oxidants in the Fe(II)/peroxydisulfate process**"(Manuscript ID: ez-2020-00025y). I greatly appreciate both your help and the referees' concerning the improvement to this paper.

We have prepared a detailed reply to the comment of reviewers and editor in the attached file of "Other Files for Editors Only". We have read all questions carefully and made corresponding revision as suggested. We hope that you find these revisions acceptable and thank you for your kind consideration of our manuscript. Besides carefully considering the comments and making corresponding revisions, we have read the manuscript several times and made some revisions based on our own understanding.

The total word count of this manuscript is 3486 word equivalents. All of the additional data is in Supporting Information, making it 15 pages.

Sincerely,

Dr. Xiaohong Guan, Ph.D., Professor

State Key Laboratory of Pollution Control and Resources Reuse, College of Environmental Science and Engineering, Tongji University, 1239# Siping Road, Shanghai, People's Republic of China.

Email: guanxh@tongji.edu.cn, Phone: +86-021-65983869, Fax: +86-21-65986313

附录 5　回复审稿人的意见

Response to Reviewer #1

Comments:
This manuscript demonstrated that the Fe(II)/PDS process contained multiple reactive oxidizing species (Fe(IV), $SO_4^{\cdot-}$, and $HO^{\cdot}$) and these oxidizing species contributed differently to the oxidation of different organic contaminants. Even though the generation of Fe(IV) in the advanced oxidation process is a topic of interest, the generation and role of free radicals in the advanced oxidation process could not be ignored. Overall, this is a nice study that greatly enhanced the understanding of the Fe(II)/PDS process based on systematic experimental design and meaningful results. The manuscript is well written and clear thinking. The following comments can be considered to further improve the manuscript.

Response: We greatly appreciate your constructive comments and we have prepared a detailed reply to your comments.

1. *The generation of $DMSO_2$ from the oxidation of DMSO in the Fe(II)/PDS process could also indicate the involvement of Fe(IV) in this process. In the section "Results and discussion", the authors firstly mentioned that the generation of $SO_4^{\cdot-}$ and $HO^{\cdot}$ could not be ignored in the Fe(II)/PDS process based on the production of HCHO from the oxidation of DMSO in this process. However, in the following text, the generation of $PMSO_2$ from the oxidation of PMSO was indicative of Fe(IV) involved in this process. The reason why PMSO, rather than DMSO, was used as a probe in the following text should be clarified in the manuscript.*

Response: Thanks a lot for your comment. Indeed, the generation of $DMSO_2$ from the oxidation of DMSO could be indicative of Fe(IV) involved in this process since DMSO can be selectively oxidized by Fe(IV) to $DMSO_2$. However, $DMSO_2$ cannot be quantified by UPLC with UV-vis or fluorescence detector. Moreover, it is difficult to accurately quantify $DMSO_2$ generated in aqueous solution with GC because of the low efficiency of extracting $DMSO_2$ out of water in the presence of large excess of DMSO with organic solvents and solid-phase cartridge.

On the other hand, PMSO and $PMSO_2$ can be easily quantified by UPLC with UV-vis detection. Therefore, in this manuscript, the formation of formaldehyde is indicative of the generation of $SO_4^{\cdot-}$ and $HO^{\cdot}$ in the presence of excess DMSO, whereas the generation of $PMSO_2$ in the presence of PMSO is used to indicate the generation of Fe(IV). In order to clarify this point, we have added the following statement in the revised manuscript.

"Therefore, the PMSO degradation and $PMSO_2$ production in this process should be re-evaluated to better understand the reaction mechanisms of the Fe(II)/PDS process. It was because of the easy quantification of PMSO and $PMSO_2$ that PMSO rather than DMSO was employed as the probe in the following parts." (Lines 121–125 in the revised manuscript)

2. *In the section "The nature of the ROS in the Fe(II)/PDS process at pH 3.0", I think the evidences were enough to verify the generation of $SO_4^{\cdot-}$ and $HO^{\cdot}$ in the Fe(II)/PDS process before the EPR results were mentioned. It seems that collecting the EPR spectra was not essential in this manuscript. Please clarify.*

Response: Thanks a lot for your comment. In Wang et al.'s study,[1] the EPR spectrum of DMPO/$HO^{\cdot}$ adducts was observed in the Fe(II)/PDS process with DMPO as the spin-trapping agent and the authors concluded that the formation of DMPO/$HO^{\cdot}$ adducts was attributed to the direct oxidation of DMPO by Fe(IV) rather than by $SO_4^{\cdot-}$ and $HO^{\cdot}$.[1] In our manuscript, the influence of Br^- on the EPR spectra in the Fe(II)/PDS process with DMPO as the spin-trapping agent was employed to further clarify the involvement of $SO_4^{\cdot-}$ and $HO^{\cdot}$ in the Fe(II)/PDS process. Br^- was expected to insert negligible influence on the EPR spectrum of DMPO/$HO^{\cdot}$ adducts if Fe(IV) was the oxidant. Thus, we believe that it is essential to present the EPR spectra in this manuscript.

References

(1) Wang, Z.; Jiang, J.; Pang, S.; Zhou, Y.; Guan, C.; Gao, Y.; Li, J.; Yang, Y.; Qiu, W.; Jiang, C. Is sulfate radical really generated from peroxydisulfate activated by iron (II) for environmental decontamination? *Environ. Sci. Technol.* **2018**, *52* (19), 11276-11284.

3. **Figure 2b**: *Why the presence of Br^- had different effects on the degradation of different organic contaminants in the Fe(II)/PDS process. Due to the limit of word count, the corresponding explanation could be added in the supporting information.*

Response: Thanks a lot for your constructive comments. Br^- exhibited different influences on the degradation of different organic contaminants in the Fe(II)/PDS process, which was associated with the rapid reactions of Br^- with $HO^{\bullet}$ and $SO_4^{\bullet-}$. On one hand, the rapid oxidation of Br^- by $HO^{\bullet}$ and $SO_4^{\bullet-}$ reduces the amount $HO^{\bullet}$ and $SO_4^{\bullet-}$ available for organic contaminants abatement. On the other hand, bromine radicals such as $BrOH^{\bullet-}$, $Br^{\bullet}$, and $Br_2^{\bullet-}$ (Eqs. R1–R5)[1-3] are generated from the rapid oxidation of Br^- by $HO^{\bullet}$ and $SO_4^{\bullet-}$, which are reported to be reactive to organic contaminants with electron-rich moieties.[4] Therefore, the presence of Br^- had different effects on the degradation of different organic contaminants in the Fe(II)/PDS process, as shown in **Figure 2b**, which further verified the generation of $HO^{\bullet}$ and $SO_4^{\bullet-}$ in the Fe(II)/PDS process. Similar results were reported in the literature[4] where organic contaminants were oxidized in UV/Cl_2 process.

$$HO^{\bullet} + Br^- \longrightarrow BrOH^{\bullet-} \qquad 1.1 \times 10^{10} \text{ mol/(L·s)} \qquad (R1)$$

$$BrOH^{\bullet-} + H^+ \longrightarrow Br^{\bullet} + H_2O \qquad 4.4 \times 10^{10} \text{ mol/(L·s)} \qquad (R2)$$

$$BrOH^{\bullet-} + Br^- \longrightarrow Br_2^{\bullet-} + OH^- \qquad 1.9 \times 10^{8} \text{ mol/(L·s)} \qquad (R3)$$

$$Br^{\bullet} + Br^- \longrightarrow Br_2^{\bullet-} \qquad 1.2 \times 10^{10} \text{ mol/(L·s)} \qquad (R4)$$

$$SO_4^{\bullet-} + Br^- \longrightarrow Br^{\bullet} + SO_4^{2-} \qquad 3.5 \times 10^{9} \text{ mol/(L·s)} \qquad (R5)$$

In order to clarify this point more clearly, we have revised main text of the manuscript.

"Furthermore, Br^- exhibited different influences on the degradation of different organic contaminants in this process, which should also be ascribed to the rapid reactions of Br^- with $SO_4^{\bullet-}$ and $HO^{\bullet}$ (**Figure 2b** and **Text S4**)." (Lines 150–153 in the revised manuscript)

We have added Text S4 in Supporting Information of the manuscript.

"**Text S4. The effects of Br^- on the degradation of different organic contaminants in the Fe(II)/PDS process**

Br^- exhibited different influences on the degradation of different organic contaminants in the Fe(II)/PDS process (**Figure 2b**), which was associated with the rapid reactions of Br^- with $HO^{\bullet}$ and $SO_4^{\bullet-}$. On one hand, the rapid oxidation of Br^- by $HO^{\bullet}$ and $SO_4^{\bullet-}$

reduces the amount $HO^{\bullet}$ and $SO_4^{\bullet-}$ available for organic contaminants abatement. On the other hand, bromine radicals such as $BrOH^{\bullet-}$, $Br^{\bullet}$, and $Br_2^{\bullet-}$ (Eqs. R1–R5)[3-5] are generated from the rapid oxidation of Br^- by $HO^{\bullet}$ and $SO_4^{\bullet-}$, which are reported to be reactive to organic contaminants with electron-rich moieties.[6] Therefore, the presence of Br^- had different effects on the degradation of different organic contaminants in the Fe(II)/PDS process, as shown in **Figure 2b**, which further verified the generation of $HO^{\bullet}$ and $SO_4^{\bullet-}$ in the Fe(II)/PDS process. Similar results were reported in the literature[6] where organic contaminants were oxidized in UV/Cl_2 process.

$$HO^{\bullet} + Br^- \longrightarrow BrOH^{\bullet-} \quad 1.1 \times 10^{10} \text{ mol/(L·s)} \quad (S1)$$
$$BrOH^{\bullet-} + H^+ \longrightarrow Br^{\bullet} + H_2O \quad 4.4 \times 10^{10} \text{ mol/(L·s)} \quad (S2)$$
$$BrOH^{\bullet-} + Br^- \longrightarrow Br_2^{\bullet-} + OH^- \quad 1.9 \times 10^{8} \text{ mol/(L·s)} \quad (S3)$$
$$Br^{\bullet} + Br^- \longrightarrow Br_2^{\bullet-} \quad 1.2 \times 10^{10} \text{ mol/(L·s)} \quad (S4)$$
$$SO_4^{\bullet-} + Br^- \longrightarrow Br^{\bullet} + SO_4^{2-} \quad 3.5 \times 10^{9} \text{ mol/(L·s)} \quad (S5)"$$

(Lines S113–S130 in the supporting information)

References

(1) Zehavi, D.; Rabani, J. Oxidation of aqueous bromide ions by hydroxyl radicals. Pulse radiolytic investigation. *J. Phys. Chem.* **1972**, *76* (3), 312-319.

(2) Merenyi, G.; Lind, J. Reaction mechanism of hydrogen abstraction by the bromine atom in water. *J. Am. Chem. Soc.* **1994**, *116* (17), 7872-7876.

(3) Redpath, J.; Willson, R. Chain reactions and radiosensitization: Model enzyme studies. *Int. J. Radiat. Biol.* **1975**, *27* (4), 389-398.

(4) Cheng, S.; Zhang, X.; Yang, X.; Shang, C.; Song, W.; Fang, J.; Pan, Y. The multiple role of bromide ion in PPCPs degradation under UV/chlorine treatment. *Environ. Sci. Technol.* **2018**, *52* (4), 1806-1816.

4. Figure 3: *Since the competitive oxidation kinetics using two reference compounds could be used to more quantitatively determine the relative contributions of $HO^{\bullet}$, $SO_4^{\bullet-}$, and Fe(IV) to the degradation of organic contaminants in the Fe(II)/PDS process, why this method was not used in this manuscript?*

Response: We greatly appreciate the reviewer's comments. We also planned to quantify the relative contributions of $HO^{\bullet}$, $SO_4^{\bullet-}$, and Fe(IV) to the degradation of organic contaminants in the Fe(II)/PDS process with the competitive oxidation kinetics using two reference compounds (nitrobenzene and benzoic acid). However, we could not get reliable experimental results although we tried many times. Thus, we gave up the efforts to quantify the relative contributions of HO$^{\bullet}$, SO$_4^{\bullet-}$, and Fe(IV) in the Fe(II)/PDS process with the traditional competitive oxidation kinetics method and planned to develop other applicable method in the near future.

Anyway, the results reported in this manuscript could well demonstrated that Fe(IV), SO$_4^{\bullet-}$, and HO$^{\bullet}$ contributed differently to abating different organic contaminants in the Fe(II)/PDS process as mentioned in the section "The roles of Fe(IV), SO$_4^{\bullet-}$, and HO$^{\bullet}$ in the degradation of various organic contaminants".

At the end of the revised manuscript, one sentence has been added:

"Due to the limitation of the competitive oxidation kinetics method, the contributions of Fe(IV), SO$_4^{\bullet-}$, and HO$^{\bullet}$ to degradation of different organic contaminants in the Fe(II)/PDS process cannot be quantified at this stage and new method should be developed." (Lines 252–255 in the revised manuscript)

Response to Reviewer #2

Comments:
This study examined Fe(II) activated peroxydisulfate (PDS) systems with regard to the reactions of a number of probing organic chemicals in mixture. Based on their differing relativities towards different reactive oxygen species (Fe(IV)/ SO$_4^{\bullet-}$/HO$^{\bullet}$), their relative contributions to oxidative reactivity of the Fe(II)/PDS system was evaluated at different conditions (Fe(II) to PDS ratio and pH). It is an interesting study and provide useful information. The major limitation of this study is the lack of quantitative information on the ROS. I believe their absolute concentrations or relative ratios may be calculated by data already collected in this study, and this information would be very useful.

Response: We greatly appreciate the reviewer's comments. The steady state concentrations of SO$_4^{\bullet-}$, HO$^{\bullet}$, and Fe(IV) in the Fe(II)/PDS process were calculated following your suggestion. The steady-state concentrations of HO$^{\bullet}$ and SO$_4^{\bullet-}$ were calculated to be 2.97×10^{-13} mol/L and 9.33×10^{-13} mol/L, respectively, and the steady-state concentration of Fe(IV) was calculated to be larger than 9.76×10^{-9} mol/L in the Fe(II)/PDS process (**Text S6** and **Figure S8**). Thus, the steady-state concentration of Fe(IV) was at least four orders of magnitude larger than those of HO$^•$ and SO$_4^{•-}$ in the Fe(II)/PDS process. That is why Fe(IV) could contribute to the degradation of organic contaminants in the Fe(II)/PDS process although the second-order rate constants between SO$_4^{•-}$/HO$^•$ and contaminants are generally several orders of magnitude larger than Fe(IV).

The detailed procedures for calculating the steady state concentrations of SO$_4^{•-}$, HO$^•$, and Fe(IV) have been provided in **Text S6** and **Figure S8** in the supporting information. Moreover, corresponding statements have been added in the revised manuscript.

"The steady-state concentrations of HO$^•$ and SO$_4^{•-}$ were determined to be 2.97×10^{-13} mol/L and 9.33×10^{-13} mol/L, respectively, while the steady-state concentration of Fe(IV) was determined be larger than 9.76×10^{-9} mol/L in the Fe(II)/PDS process at pH 3.0 (**Text S6** and **Figure S8**). Thus, the steady-state concentration of Fe(IV) was at least four orders of magnitude larger than those of HO$^•$ and SO$_4^{•-}$ in the Fe(II)/PDS process. That is why Fe(IV) could contribute to the degradation of organic contaminants in the Fe(II)/PDS process although the second-order rate constants between SO$_4^{•-}$/HO$^•$ and contaminants are generally several orders of magnitude larger than Fe(IV). Anyway, the contributions of Fe(IV), SO$_4^{•-}$ and HO$^•$ in the Fe(II)/PDS process are dependent on both their concentrations and the rate constants of their reaction with different organic contaminants." (Lines 210–220 in the revised manuscript)

"Text S6. The steady state concentrations of SO$_4^{•-}$, HO$^•$, and Fe(IV) in the Fe(II)/PDS process

The steady state concentrations of HO$^•$ and SO$_4^{•-}$ in the Fe(II)/PDS process can be calculated using NB and BA as probe compounds. The degradation of NB and BA in the Fe(II)/PDS process can be expressed as follows:

$$\frac{d[NB]}{dt} = -k_{NB,HO^•}[HO^•]_{ss}[NB] \tag{S6}$$

$$\frac{d[BA]}{dt} = -(k_{BA,HO^•}[HO^•]_{ss} + k_{BA,SO_4^{•-}}[SO_4^{•-}]_{ss})[BA] \tag{S7}$$

Integrating Eqs. S6-S7 can yield:

$$\ln\frac{[NB]}{[NB]_0} = -k_{NB,HO^\bullet}[HO^\bullet]_{ss}t = -k_{obs,BA}\,t \tag{S8}$$

$$\ln\frac{[BA]}{[BA]_0} = -(k_{BA,HO^\bullet}[HO^\bullet]_{ss} + k_{BA,SO_4^{\bullet-}}[SO_4^{\bullet-}]_{ss})t = -k_{obs,BA}t \tag{S9}$$

Then, $[HO^\bullet]_{ss}$ and $[SO_4^{\bullet-}]_{ss}$ could be obtained:

$$[HO^\bullet]_{ss} = \frac{k_{obs,NB}}{k_{NB,HO^\bullet}} \tag{S10}$$

$$[SO_4^{\bullet-}]_{ss} = \frac{k_{obs,BA} - k_{BA,HO^\bullet}[HO^\bullet]_{ss}}{k_{BA,SO_4^{\bullet-}}} \tag{S11}$$

Where [NB] and [BA] are the concentrations of NB and BA at time t, respectively; $[NB]_0$ and $[BA]_0$ respresent the initial concentrations of NB and BA, respectively; $k_{NB,HO^\bullet}$ is the second-order rate constant of NB with $HO^\bullet$ (4.7×10^9 mol/(L·s)); $k_{BA,HO^\bullet}$ and $k_{BA,SO_4^{\bullet-}}$ are the second-order rate constants of $HO^\bullet$ and $SO_4^{\bullet-}$ with BA, respectively ($k_{BA,HO^\bullet}$ = 4.3×10^9 mol/(L·s) and $k_{BA,SO_4^{\bullet-}}$ = 1.2×10^9 mol/(L·s)); $[HO^\bullet]_{ss}$ and $[SO_4^{\bullet-}]_{ss}$ refer to the steady-state concentrations of $HO^\bullet$ and $SO_4^{\bullet-}$, respectively. The pseudo-first-order rate constants of NB ($k_{obs,NB}$) and BA ($k_{obs,BA}$) can be obtained from the plots of $-\ln([NB]/[NB]_0)$ and $-\ln([BA]/[BA]_0)$ versus time, respectively, as shown in **Figure S8a**. Thus, steady-state concentrations of $HO^\bullet$ and $SO_4^{\bullet-}$ were calculated to be 2.97×10^{-13} mol/L and 9.33×10^{-13} mol/L, respectively, in the Fe(II)/PDS process.

The steady state concentration of Fe(IV) in the Fe(II)/PDS process can be calculated based on the kinetics of $PMSO_2$ generation from the oxidation of PMSO. The generation of $PMSO_2$ in the Fe(II)/PDS process can be expressed as follows:

$$\frac{d[PMSO_2]}{dt} = -k_{PMSO,Fe(IV)}[Fe(IV)]_{ss}[PMSO] \tag{S12}$$

$$\eta = \frac{[PMSO_2]}{[PMSO]_0 - [PMSO]} \tag{S13}$$

Substitution of Eq. S13 into Eq. S12 yields:

$$\frac{d[PMSO_2]}{[PMSO]_0 - \frac{1}{\eta}[PMSO_2]} = k_{PMSO,Fe(IV)}[Fe(IV)]_{ss}\,dt \tag{S14}$$

Integrating Eq. S14 can yield:

$$\eta \ln \frac{[PMSO]_0}{[PMSO]_0 - \frac{1}{\eta}[PMSO_2]} = k_{PMSO,Fe(IV)} \left[Fe(IV)\right]_{ss} t = -k_{obs} t \qquad (S15)$$

$$[Fe(IV)]_{ss} = \frac{k_{obs}}{k_{PMSO,Fe(IV)}} \qquad (S16)$$

Where [PMSO] and [PMSO$_2$] are the concentrations of PMSO and PMSO$_2$ at time t, respectively; [PMSO]$_0$ respresents the initial concentration of PMSO, respectively; η is the yield of PMSO$_2$ (i.e., mole of PMSO$_2$ produced per mole of PMSO oxidized); $k_{PMSO,Fe(IV)}$ is the second-order rate constant of PMSO with Fe(IV) (1.23×10^5 mol/(L·s) at pH 1.0); [Fe(IV)]$_{ss}$ refer to the steady-state concentration of Fe(IV). The pseudo-first-order rate constants (k_{obs}) can be obtained from the plots of $\eta \ln \frac{[PMSO]_0}{[PMSO]_0 - \frac{1}{\eta}[PMSO_2]}$ versus time as shown in **Figure S8b**. Thus, steady-state concentration of Fe(IV) was calculated to be 9.76×10^{-9} mol/L in the Fe(II)/PDS process. Since the reactivity of Fe(IV) decreased with increasing pH, the second-order rate constant of PMSO with Fe(IV) at pH 3.0 would be lower than that at pH 1.0, indicating that the steady-state concentration of Fe(IV) should be larger than 9.76×10^{-9} mol/L in the Fe(II)/PDS process at pH 3.0. Consequently, the steady-state concentration of Fe(IV) was at least four orders of magnitude larger than those of HO$^•$ and SO$_4^{•-}$ in the Fe(II)/PDS process. Thus, Fe(IV) could contribute to the degradation of organic contaminants in the Fe(II)/PDS process although the second-order rate constants between SO$_4^{•-}$/ HO$^•$ and contaminants are several orders of magnitude larger than Fe(IV)." (Lines S160–S210 in the supporting information)

We also agree with the reviewer that we had better quantify the relative contributions of HO$^•$, SO$_4^{•-}$, and Fe(IV) to the degradation of organic contaminants in the Fe(II)/PDS process with the competitive oxidation kinetics. However, we could not get reliable experimental results although we tried many times. Thus, we gave up the efforts to quantify the relative contributions of HO$^•$, SO$_4^{•-}$, and Fe(IV) in the Fe(II)/PDS process with the traditional competitive oxidation kinetics method and planned to develop other applicable method in the near future.

Anyway, the results reported in this manuscript could well demonstrated that Fe(IV), $SO_4^{\cdot-}$, and $HO^{\cdot}$ contributed differently to abating different organic contaminants in the Fe(II)/PDS process as mentioned in the section "The roles of Fe(IV), $SO_4^{\cdot-}$, and $HO^{\cdot}$ in the degradation of various organic contaminants".

At the end of the revised manuscript, one sentence has been added:

"Due to the limitation of the competitive oxidation kinetics method, the contributions of Fe(IV), $SO_4^{\cdot-}$, and $HO^{\cdot}$ to degradation of different organic contaminants in the Fe(II)/PDS process cannot be quantified at this stage and new method should be developed." (Lines 252–255 in the revised manuscript)

参考文献

[1] 陈光磊. 生理学实验中受试对象的选择与分组[J]. 河南教育学院学报(自然科学版), 2005, 14(2): 39-41.
[2] 陈立宇, 张秀成. 试验设计与数据处理[M]. 西安：西北大学出版社, 2014.
[3] 崔桂友. 科技论文写作与论文答辩[M]. 北京：中国轻工业出版社, 2015.
[4] 费德君, 涂敏端, 曾英. 化工实验研究方法及技术[M]. 北京：化学工业出版社, 2008.
[5] 顾飞荣, 彭少兵. SCI 论文撰写与发表[M]. 济南：山东教育出版社, 2009.
[6] 李兴昌. 科技论文的规范表达——写作与编辑[M]. 2 版. 北京：清华大学出版社, 2016.
[7] 陆小宇, 王栋. 论中式英语的特点[J]. 开封教育学院学报, 2019, 39(4): 69-71.
[8] 马路平. 对照实验在高中化学教学中的应用[D]. 武汉：华中师范大学, 2013.
[9] 任培兵. 科技论文撰写指南[M]. 石家庄：河北科学技术出版社, 2012.
[10] 孙平, 伊雪峰, 田芳. 科技写作与文献检索[M]. 2 版. 北京：清华大学出版社, 2016.
[11] 王征爱, 宋建武. 英语医学科技论文中的"中式英语"[J]. 第一军医大学学报, 2003, 23(8): 875-876.
[12] 俞汉青. 环境工程研究的选题[R]. 合肥：中国科学技术大学, 2014.
[13] 周新年. 科学研究方法与学术论文写作：理论·技巧·案例[M]. 北京：科学出版社, 2012.
[14] GB/T 7713—1987. 科学技术报告、学位论文和学术论文的编写格式[S].
[15] GB/T 7713.1—2006. 学位论文编写规则[S].
[16] GB/T 7713.3—2014. 科学报告编写规则[S].
[17] Bringhurst R. The elements of typographic style[M]. Vancouver：Hartley & Marks, 2004.
[18] Davidson A, Delbridge E. How to write a research paper[J]. Paediatrics and Child Health, 2012, 22(2): 61-65.
[19] Whitesides G M. Whitesides' group: Writing a paper[J]. Advanced Materials, 2004, 76(15): 1375-1377.
[20] Coghill A M, Garson L R. The ACS Style Guide[M/OL]. [2020-03-09]. American Chemical Society, 2006. https://pubs.acs.org/isbn/9780841239999.
[21] Morley J. Academic phrasebank[M/OL]. [2020-02-29]. The University of Manchester, 2018. http://www.phrasebank.manchester.ac.uk/.
[22] Using tenses in scientific writing[M/OL]. [2020-02-10]. The University of Melbourne, 2012. https://services.unimelb.edu.au/__data/assets/pdf_file/0009/471294/Using_tenses_in_scientific_writing_Update_051112.pdf/.
[23] Brittman F.The most common habits from more than 200 English papers written by graduate Chinese engineering students[EB/OL]. [2020-02-10].http://www.cjig.cn/UploadFile/The%20Most%20Common%20Habits%20from%20more%20than%20200%20English%20Papers%20written.pdf.
[24] The punctuation guide[EB/OL]. [2020-02-10]. https://www.thepunctuationguide.com/index.html.
[25] Using numbers in scientific manuscripts[EB/OL]. [2020-02-10]. https://www.aje.com/arc/editing-tip-using-numbers-scientific-manuscripts/.
[26] Numbers in writing guidelines life sciences medicine[EB/OL]. [2020-02-10]. https://www.enago.com/academy/numbers-in-writing-guidelines-life-sciences-medicine/.